海洋教育普及系列丛书

总策划　严汝建

U0285216

海洋文化馆

——浓缩的海洋意识教科书

李　宏　吴韶刚◎主　编

- 中国海洋学会
- 全国海洋文化教育联盟

联合推荐

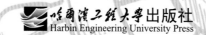

哈尔滨工程大学出版社

Harbin Engineering University Press

GS（2019）2757 号

内容简介

本书是对哈尔滨工程大学海洋文化馆所展示的海洋文化的解读，共分四部分。第一部分自然海洋介绍了海与洋的概念、划分、地貌特点、物理特性及海洋资源；第二部分人类与海洋讲述了生命的起源与海洋的关系及人类对海洋的探索；第三部分海洋权益介绍了海权论与大国的崛起、国际海洋法及中国的海洋权益；第四部分建设海洋强国包括海洋强国战略、海洋防卫、海洋科技、海洋经济及建设 21 世纪海上丝绸之路。

读者通过阅读本书可以更深层次地了解海洋文化的内涵，了解保护海洋、开发海洋、维护海洋权益和建设海洋强国的意义和重要性。

本书可作为青少年的科普读物，适合海洋文化爱好者阅读参考。

图书在版编目（CIP）数据

海洋文化馆：浓缩的海洋意识教科书 / 李宏，吴韶刚主编 . —哈尔滨：哈尔滨工程大学出版社，2021.5
ISBN 978-7-5661-2869-0

Ⅰ . ①海… Ⅱ . ①李… ②吴… Ⅲ . ①海洋学－普及读物 Ⅳ . ① P7-49

中国版本图书馆 CIP 数据核字（2020）第 228678 号

选题策划　雷　霞
责任编辑　丁月华
封面设计　李海波

出版发行　哈尔滨工程大学出版社
社　　址　哈尔滨市南岗区南通大街 145 号
邮政编码　150001
发行电话　0451-82519328
传　　真　0451-82519699
经　　销　新华书店
印　　刷　哈尔滨午阳印刷有限公司
开　　本　787 mm×960 mm　1/16
印　　张　15.75
字　　数　365 千字
版　　次　2021 年 5 月第 1 版
印　　次　2021 年 5 月第 1 次印刷
定　　价　79.00 元

http://www.hrbeupress.com
E-mail:heupress@hrbeu.edu.cn

编　委　会

谨以此书：

　　献给中国共产党建党100周年！

序一 四海承风 文以化人

海洋是生命的摇篮，是资源的宝库，是五洲的通道，是人类文明的发源地，在人类社会发展进程中始终处于举足轻重的地位。海洋更事关民族盛衰，海洋强则国家强，海洋兴则民族兴。我国不仅仅是内陆大国，也是海洋大国，按照《联合国海洋法公约》，我国不仅有960万平方千米的陆地国土，还有470多万平方千米的内海和边海的水域面积。在世界海洋史中，"以舟为车，以楫为马"，中华民族从未停止对海洋的探索，中华民族也是世界上最早走向海洋的民族之一。

21世纪是海洋的世纪。人类社会正在以全新的姿态向海洋进军，世界各国纷纷完善海洋立法、调整海洋战略和政策，国际海洋竞争日趋激烈。党的十八大报告提出了建设海洋强国的战略目标，党的十九大报告更是明确提出"坚持陆海统筹，加快建设海洋强国"，为建设海洋强国再一次吹响了号角。

哈尔滨工程大学（简称哈工程），作为一所与海结缘、因海而兴、向海图强的高校，源于1953年陈赓大将创办的中国人民解放军军事工程学院（简称"哈军工"），1970年"哈军工"主体南迁，海军工程系立足原址就地办学，成立哈尔滨船舶工程学院。学校在60多年的办学实践中，形成了鲜明的"三海一核"办学特色和学科优势，已经发展成我国船舶工业、海军装备、海洋开发和核能应用领域重要的人才培养和科学研究基地。"以祖国需要为第一需要，以国防需求为第一使命，以人民满意为第一标准"的"三个第一"的价值追求早已深深地镌刻于每名工程学子的心中。"水下机器人技术""水声技术"国家级重点实验室的建设，"深潜救生艇""智能水下机器人""水声调整目标跟踪定位和引导系统""深海高精度水声综合定位技术""海洋无人航行器"等海洋领域的高技术成果，正是几代哈工程师生在服务海洋事业中铸就的海洋科研领域的特色高地，他们在实干兴邦的使命自觉中践行着海洋强国梦。近年来，学校聚焦服务国家战略和国防需求，积极投身海洋强国建设，论证并承担了水下无人平台、深海空间站、"两机"专项、深远海防御、数值水池等一系列重大科技创新任务，已经成为我国舰船科学技术基础和应用研究的主力军之一、海军先进技术装备研制的重点单位、我国发展海洋高新技术的重要依托力量。新时代开启新航程，学校在建设特色鲜明世界一流大学的征途中，不忘初心，始终肩负着谋海济国的使命担当。建校以来，学校共培养各类高级专门人才12万余人，培养了国家国防工业系统5.6%的"两总"人才及船舶工业系统上百家企业和研究所30%以上的技术和管理领军人才，还有以深潜英雄叶聪、唐嘉陵、陈云赛，中国首位女潜航员张奕，首艘国产航母山东舰副总设计师孙光甦，我国首艘航母辽宁舰系统主任设计师王治国，新一代核潜艇副总师刘春林等为代表的一大批青年才俊，为我国海洋事业发展提供了重要人才支撑。

海洋强国建设离不开海洋文化建设，全民族海洋意识的提高更需要海洋文化的滋养与引领。2016年原国家海洋局、教育部、文化部、国家新闻出版广电总局、国家文物局共同印发了《提升海洋强国软实力——全民海洋意识宣传教育和文化建设"十三五"规划》，明确指出要"传承繁荣中华海洋传统文化，充分发挥公共文化服务体系在提升全民海洋意识中的重要作用，促进海洋特色文化产业快速发展。"面对我国海洋事业的快速发展，如何体现海洋文化的自信，如何提高国民的海洋意识，对于海洋业界来说无疑是当下许多人都在诘问或思考的一个问题。

海洋强国的实现不仅需要强大的海洋经济、科技和军事等硬实力，同样也需要强大的海洋思想文化软实力的有力支撑。增强全民海洋意识，加强海洋文化建设，将有利于提升海洋战略地位，有利于形成民族进取精神，有利于提高全民科学素养，有利于弘扬中国文化，有利于推动全球包容性发展。同时，我们也应看到：在海洋文明发展的进程中，海洋文化与海洋科技的深度融合、海洋文化与海洋产业的相互促进、海洋文化与海洋军事的并驾齐驱、海洋文化与海洋经济的共同繁荣……共同组成了一幅波澜壮阔的海洋世界的历史画卷。

文化是历史的传承，为了更好地讲述哈工程人的海洋情怀，2017年11月

22日，国内首个以"海洋文化"命名的博物馆在哈尔滨工程大学建成开馆。学校在弘扬海洋文化、践行海洋强国使命担当中进行了顶层的思考：用海洋人的文化自信传播海洋文化，用海洋文化视野普及海洋科学知识和开展海洋意识教育，用海洋科学思维推动海洋事业创新发展，助力海洋强国建设。现海洋文化馆已建设成为学校广大师生和社会大众了解海洋、热爱海洋，进而投身海洋事业的教育基地。2018年9月18日，由哈尔滨工程大学牵头，联合涉海高校、海洋科研院所、海洋类文博馆、海洋类科普馆、海洋意识教育基地共同发起的海洋文化教育联盟在哈尔滨成立。这是国内首家以海洋文化教育为主旨的集海洋文化教育、文化传播与实践研究为一体的学术联盟，旨在为海洋文化教育发展搭建交流平台和缔结联系的纽带，推动成员单位深度合作和资源共享，力求创新海洋文化教育新模式，提升海洋文化教育意识，促进海洋文化育人社会功效，逐步打造国内海洋文化共同体，为建设海洋强国做出贡献。2019年初，学校立足办学特色，以构建"海洋教育金课堂"为目标，以课程思政为导向，在本科生中开设《海洋中国》通识教育课程。哈尔滨工程大学正在汇聚各方力量，海洋文化建设正展现勃勃生机。

新时代、新海洋、新文化，让海洋人携手相依，传承"包容、创新、进取"的海洋精神，在对海洋文化的孜孜不倦的探索和创新中，推动构建海洋命运共同体，让古老中华民族的海洋文化展现出新时代的光辉。

哈尔滨工程大学

党委书记　高岩

校　　长　姚郁

序二　一部浓缩的海洋文化教科书

海纳百川，有容乃大。

哈尔滨工程大学（简称哈工程）海洋文化馆于2017年5月开始筹建，同年11月22日建成开馆，历时半年，是国内目前第一个由大学建立的海洋文化馆。

也许有人会产生疑问：哈尔滨工程大学为什么要在哈尔滨建海洋文化馆？

这一疑问，也是笔者的疑问。

笔者供职中国海洋报社多年，退休前任中国海洋报首席记者、青岛记者站站长、国土资源作家协会会员。那是2017年的5月下旬，报社领导给我打来电话，说是哈尔滨工程大学有老师想探访我，要我有陌生电话联系时不要拒接。但领导在电话中并未详说来访者是何人，要探访我何事何情，只告知探访者面见时陈述。

来访者是哈尔滨工程大学的哈军工纪念馆的李宏馆长，她受命为建好学校的海洋文化馆风尘仆仆奔走于北京、天津、青岛、泉州等地，辛劳调访、征询海洋文化馆建设专家指导意见的工作态度和敬业精神让我很感动。当她把来访意图说明后，让我更为感动的是远离沿海之隅的哈尔滨工程大学的校领导决定筹建海洋文化馆的远见卓识。

来访过后，李宏馆长试探征询能否聘我为海洋文化馆筹建顾问时我犹豫了。作为一名报人、文者，虽然致力于海洋文化研究20多年，先后出版了30余部著作与影视作品，但必须坦承那只能说是海洋文化实践性研究的小作，本人实在是缺乏海洋文化系统理论知识的支撑，担心会有负校领导的信任和重托。

实话实说，在此之前我对哈尔滨工程大学的了解并不是很多，但50多年前，我还是中学生时"哈军工"的声名早已根植于心，使我仰慕已久。2010年"蛟龙号"载人潜水器5 000米级成功海试后，作为海洋报记者借陪同"蛟龙号"潜航员唐嘉陵回母校之机第一次去了哈工程。虽说是山东海洋学院物理系早期毕业的一名学子，但被称为老师内心还是有些不安……不过还好，因为我大学所学的是水声专业，加上我曾经还是一名水兵，所以拉近了我与哈工程的距离，也溯源了共同的海洋人文感情基础，坚定了我深入了解和读懂哈工程的信心。之后便有了能为哈工程海洋文化馆建设尽一份绵薄之力的机缘，有了深读哈工程这所年少时就心之所慕的高等军事学府的机会。

哈尔滨工程大学是中国"三海一核"（船舶工业、海军装备、海洋开发、核能应用）领域重要的人才培养和科研基地，更是一所具有红色基因和光荣历史传统的全国重点大学，其前身是创建于1953年的中国人民解放军军事工程学院（简称"哈军工"）。

忧国者，君也；忧战者，兵也；海洋强国，须有大器之魂。然文化是一种精神力量，与社会、经济、政治、军事等都有着密不可分的关系，是民族凝聚力和创造力的主要源泉，因此逐渐成为世界上综合国力竞争的主要因素。正是为此，文化在它所涵盖的范围内和不同的层面发挥着主要的整合、导向、维持秩序、传续的功能和作用，建设海洋文化馆自然成了哈工程理性和必然的选择。

海洋文化，就是和海洋有关的文化，就是缘于海洋而生的文化，也是人类对海洋本身的认识、利用和因海洋创造出来的精神的、行为关系的、社会的和物质的文明生活内涵。哈工程海洋文化馆就是这样的一个浓缩其内容与内涵的文化展示馆。

但也不尽然，此海洋文化馆非彼海洋文化馆。我是说此海洋文化馆不只是一般意义上的海洋意识、权益和科普之馆，也不只是普通意义的海洋文化活动中心，更是一部浓缩与需要认真品读和思考的海洋文化大书。作为海洋文化的一种载体形式，此海洋文化馆承载的是自然海洋、历史演进、科学进步、文化发展和社会文明架构所能包含的多层面内容。也正是如此，哈工程海洋文化馆在目前国内尚处于海洋文化热的喧嚣时期树起了一面旗帜，在北国风光，千里冰封，万里雪飘中别样鲜艳。

语言作为文化最为直接的表现，是人类历史的DNA，而文字则是承载语言的图像或符号，共同表现出文化的社会现象，文化也是人们长期创造形成的产物，同时又是一种历史现象，是社会的积淀物。令人欣喜的是，哈工程海洋文化馆循此文化特征溯源，表证了历史现象，传承了社会积淀并延伸到了未来。

我国海洋文化研究兴起于20世纪90年代。实践表明：海洋文化追求精神价值，并以精神价值引导社会海洋行为，此海洋文化的重要功能仍需要大力地弘扬。也就是说，如果文化的精神失落了，精神价值也就不存在了，人们便会找不到文明的方向。面对现状，我们必须承认国内海洋业与社会同仁，对海洋文化的认知存有极大的偏颇或误识。如宣传+娱乐，猎奇+无知、哗众+盲从、取宠+搞怪等，殊不知这些并不是海洋文化的主体。其实，海洋业发展在本质上是一个文化过程，其核心的秩序建设、科学进步、经济发展和海防军事等行为只要延伸到较远的目标就一定会碰到文化问题，这是一个文化进步必然的命题。

今天，中国海洋人只有不忘初心，重塑信仰才能迎接世界海洋发展大势。因为目前还很难预料海洋垂向开发为世界带来的具体结果，更谈不上其发展的理想途径。16世纪海洋在平面上的开发，引发了人类社会历史的转折；21世纪海洋在立体上的开发，很有可能会导致又一次的世界历史性变化。从陆地进入海洋，又从海面深入海底，都是改变人类活动运行方式的历史转折，一定会经历各种挫折和反复，从欧洲当年"地理大发现"的历史来看，这必然是个以世纪计算的长期过程。因此，中华民族走向海洋要坚定建设人类命运共同体的信念，要警惕精致利己主义者的别有用心，因为资本主义的商业潮、个人主义、自由主义虽然盛行，但它没有撼动多少由宗教维系的西方国家普通人的社会归宿。而龙图腾是中国文化的基因，这一文化没有宗教基础，让宗教在中国获得如西方那样普通的社会基础是不可能的，没有这样的社会基础，精致利己主义者鼓吹的民主带给我们的必将是更大的精神与思想的混乱，而"同舟共济，共赴生死"，缔造辉煌的海洋精神必将成为中国海洋人取则行远的复兴旗帜。

毛泽东说过"没有文化的军队是愚蠢的军队"。那么，中国海洋事业要不要积淀属于自己的特色文化？其发展要不要先进文化的引领？业者要不要培育文化自觉进而升华精神价值？新时代、新理论、新文化、新作为，海洋文化馆必将为承载与海洋事业发展相伴生的新的海洋文化而前行。

海水梦悠悠，海忧亦国愁，这该是一个民族永远也抹不去的沉痛记忆。哈工程海洋文化馆是历史的传承，是新文化的积淀，是人文海洋的全书，也是文化海洋的收藏，因此收藏的每个海洋印迹都将会成为国民海洋意识缺失的"钙片"，并去强壮民族文化自信的体魄。文化清高，文化不死，慕利性只是海洋文化特征之一，所以海洋收藏不应该仅仅是爱好或是消遣，更不应该与孔方为伍，而应该是大写的沧海桑田的进化史，更是波澜壮阔的生命延续与人类文明演绎的话剧，一个个碎片可以提高话剧的像素，以震撼人心，发人深省。诚如人言:为了和平，收藏战争；为了未来，收藏文明；为了安宁，收藏苦难；为了传承，收藏民俗。

　　海洋文化馆，既是一种文化启示，也是一种人文情怀，更是一部浓缩的、立体的中华民族海洋意识与知识的教科书。

　　　　　　　　　　　　　　　　　　　　　　　　　　李明春

　　　　　　　　　　　　　　　　　　　　　　2018年7月12日于青岛

目 录

Contents

结语

导　　语

人类可期的未来在海洋……

浩瀚的海洋，可以左右地球的和谐自然生态体，人类命运的共同体，它拥有广阔的空间、丰富的资源和取之不尽的能源，是人类未来发展的保障；联通世界的海上航线，是国际交流、交融的纽带，也是国家发展的战略咽喉。

亲海则兴，疏海则衰，党中央明确提出建设海洋强国，奏响了中华民族经略海洋的最强音。经略海洋首先要探索海洋，全面准确地理解海洋，在全社会形成关心海洋、认识海洋、热爱海洋的浓厚氛围，因此，哈尔滨工程大学海洋文化馆应运而生。

海洋文化馆作为海洋教育基地、海洋文化研究基地、海洋科普教育基地、海洋权益爱国主义教育基地，集中展示了海洋文化发展历程、憧憬海洋强国未来，通过自然海洋、人类与海洋、海洋权益、建设海洋强国四个板块，讲述了美丽海洋的起源、人与海洋的故事、海洋新秩序的建立、蓝色科技与经济的发展等内容。

一段蓝色之旅在此启航……

21 世纪是海洋的世纪，
人类可期的未来在海洋……

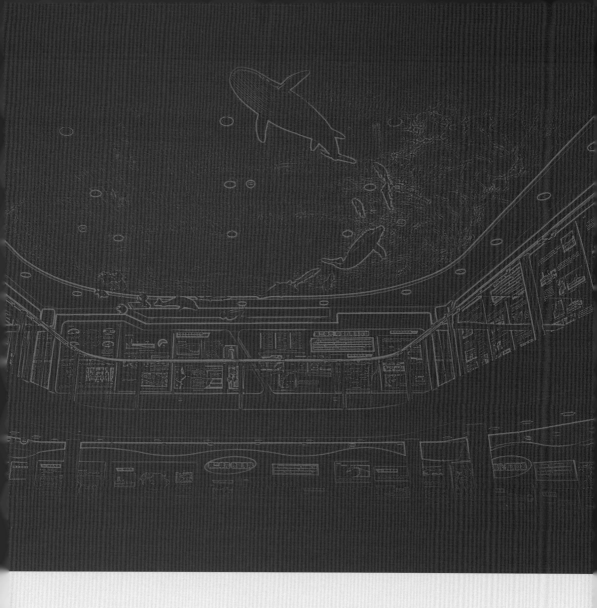

第一部分　自然海洋

　　广阔的海洋，从蔚蓝到碧绿，美丽而壮观。海洋覆盖着地球71%的表面积，是一个万水汇聚的连续整体，是生命的摇篮，风雨的故乡，与人类生存息息相关。海洋世界蕴藏着丰富的生物和矿产资源，是一座巨大的资源宝库。

第一单元　海与洋

地球上互相连通的广阔水域构成统一的海洋世界。根据海洋要素特点及形态特征，中心主体部分称为洋，边缘附属部分称为海。

1.1.1　海洋的演化

气象卫星在距离地球约35 800千米拍摄的水之星球——地球

大约46亿年前，在地球结构形成时期，大量的火山爆发和陨石冲击，释放气体，形成原始的大气。随后，炙热的星球渐渐冷却，弥漫在大气层中的水蒸气开始凝结成雨，不断地降到地球上，流向低洼地，日积月累，逐渐形成了原始的湖泊和海洋。

大陆漂移学说

大陆漂移学说认为地球陆地在中生代以前是一个整体，中生代开始分裂并漂移，达到现在的位置。大陆漂移学说是德国科学家阿尔弗雷德·魏格纳在病榻上发现而创立的学说。

1910年的一天，年轻的德国气象学家魏格纳身体欠佳，躺在病床上。百无聊赖中，他的目光落在墙上的一幅世界地图上，他意外地发现，大西洋两

阿尔弗雷德·魏格纳（1880—1930年），德国气象学家、地球物理学家，被称为"大陆漂移学说之父"。

岸的轮廓竟是如此相对应，特别是巴西东端的直角突出部分，与非洲西岸凹入大陆的几内亚湾非常吻合。自此往南，巴西海岸每个突出部分，恰好对应非洲西岸同样形状的海湾；相反，巴西海岸每个海湾，都与非洲西岸的突出部分相对应。这难道是巧合？魏格纳的脑海里突然掠过这样一个念头：非洲大陆与南美洲大陆曾经是不是贴合在一起的？也就是说，从前它们之间没有大西洋，是由于地球自转的分力使原始大陆分裂、漂移，才形成如今的海陆分布情况的？

在这个大胆的推测下，1912年1月6日，魏格纳在法兰克福地质学会上做出了题为《大陆与海洋的起源》的演讲，提出大陆漂移假说。他根据大西洋两岸，特别是非洲和南美洲海岸轮廓非常相似等资料，认为地壳的硅铝层是漂浮于硅镁层之上的，并设想全世界的大陆在古生代石炭纪以前是一个统一的整体，在它的周围是辽阔的海洋。后来，特别是在中生代末期，大陆在天体引潮力和地球自转所产生的离心力的作用下，破裂成若干块，在硅镁层上分离漂移，逐渐形成了当今世界上大洲和大洋的分布情况。但这一假说却难以解释如大陆移动的原动力、深源地震、造山构造等重大问题。

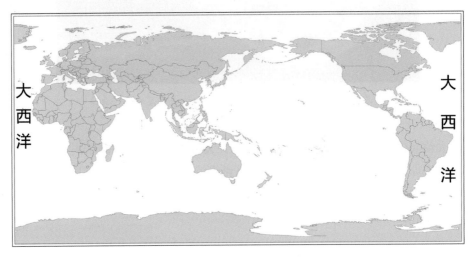

大西洋两岸的轮廓十分相似

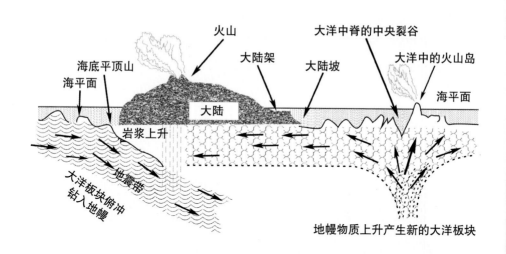

海底扩张示意图

海底扩张学说

海底扩张学说是一种关于海底地壳生长和运动扩张的学说，是大陆漂移学说的进一步发展。它是20世纪60年代，由加拿大科学家H.H.赫斯和R.S.迪茨分别提出的。

海底扩张说认为，高热流的地幔物质沿大洋中脊的裂谷上升，不断形成新洋壳；同时，以大洋脊为界，背道而驰的地幔流带动洋壳逐渐向两侧扩张；地幔流在大洋边缘海沟下沉，带动洋壳潜入地幔，被消化吸收；大西洋与太平洋的扩张形式不同：大西洋在洋中脊处扩张，大洋两侧与相邻的陆地一起向外漂移，大西洋不断展宽；太平洋底在东部的洋中脊处扩张，在西部的海沟处潜没，潜没的速度比扩张的快，所以大洋在逐步缩小，但洋底却不断更新，古老的太平洋与大西洋的洋底一样年轻。深海钻探的结果证实，海底扩张说的上述观点是成立的。洋中脊处新洋壳不断形成，两侧离洋中脊越远处洋壳越老，证明了大洋底在不断扩张和更新。海底扩张说较好地解释了一系列海底地质地球物理现象。它的确立，使大陆漂移说由衰而兴，主张地壳存在大规模水平运动的活动论取得胜利，为板块构造说的建立奠定了基础。但海底扩张说在扩张机理方面还存在相关难题有待解决。

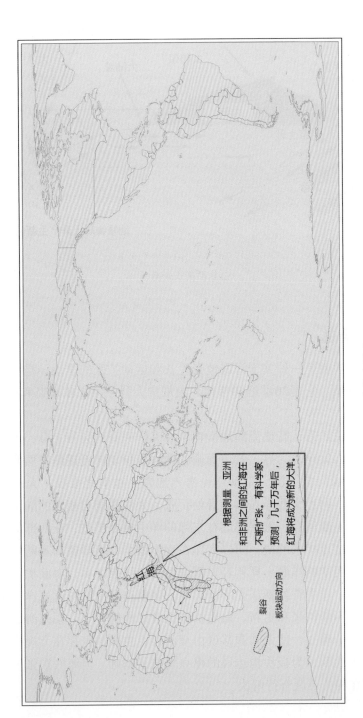

根据测量，亚洲和非洲之间的红海在不断扩张。有科学家预测，几千万年后，红海将成为新的大洋。

裂谷
板块运动方向

东非大裂谷

板块构造学说

板块构造学说将大陆漂移学说和海底扩张学说的观点合为一个整体。大陆漂移和海底运动与地球外部的坚硬外壳——岩石圈运动及分裂有关。岩石圈分裂成七大主要板块和大量小板块，板块与世界主要地震带的轮廓一致，这一观点于1965年由多伦多大学的地球物理学家威尔逊首次提出。

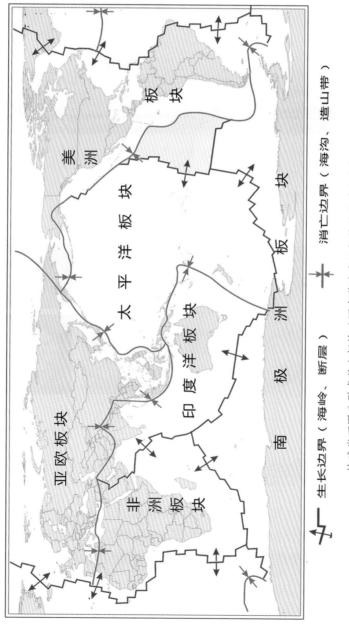

地球岩石圈分裂成独立板块（图中箭头表示板块的运动方向）

生长边界（海岭、断层）

消亡边界（海沟、造山带）

喜马拉雅山地区以前是海洋，大约2 000多万年前，印度洋板块向北移动，与欧亚板块碰撞，使当地地壳隆起、抬升，形成了今天的喜马拉雅山脉。

喜马拉雅山的变迁

在喜马拉雅山陡峭的崖壁上和幽深的山谷中，发现许多古海洋动植物化石，包括三叶虫、鹦鹉螺、珊瑚和鱼龙等。

海洋动植物化石

1.1.2　海洋的划分

洋是海洋的中心主体部分，有独自的潮汐和洋流系统。全球共有四大洋：太平洋、大西洋、印度洋和北冰洋。海是海洋的边缘部分，深度较浅，平均深度一般在2 000米以内。全世界共有54个海，按照其所处位置可分为陆间海、内海和边缘海。

"四大洋"名称的来历

太平洋——"和平之洋"

公元1513年9月26日，西班牙探险家巴斯科·巴尔沃亚将此海域命名此为"南海"。1520年，葡萄牙航海家麦哲伦率领船队寻找通往东方的航线。经过1个多月的艰难航程，他们进入了新的大洋。时值这里天气晴朗，风平浪静，因此麦哲伦便把这个叫作"南海"的大洋改称为"和平之洋"，汉译为"太平洋"。

大西洋——"大力士神的栖息地"

古希腊神话中，普罗米修斯因盗取天火给人间而触犯天条，株连到他的兄弟阿特拉斯。众神之王宙斯强令阿特拉斯支撑石柱使天地分开，于是阿特拉斯成为人们心目中的英雄。最初希腊人以阿特拉斯命名非洲西北部的土地，后因传说阿特拉斯住在遥远的地方，人们认为一望无际的大西洋就是阿特拉斯的栖身地，故有此称。

印度洋——"通往东方的海洋"

印度洋的名称最早见于1515年中欧地图学家舍尔编绘的地图上，标注为"东方的印度洋"。因为古代西方对东方的了解很少，只听闻印度是东方一个富有的国家，因此到东方就是到印度，通往东方的航路也就是通往印度的航路。1497年，葡萄牙航海家达·伽马东航寻找印度，便将沿途所经过的洋面统称为印度洋。

北冰洋——"北极之海"

北冰洋大致以北极为中心，为世界四大洋中最小、最浅的洋，加上终年气候严寒，因此一度被称为"北极海""北冰海"。

第"五大洋"——南冰洋

南冰洋也叫南大洋或南极海，是世界第五个被确定的大洋，是世界上唯一完全环绕地球却未被大陆分割的大洋。南冰洋是围绕南极洲的海洋，是南纬50°以南的印度洋、大西洋和南纬55°~62°间的太平洋的海域。

以前一直认为太平洋、大西洋和印度洋一直延伸到南极洲，南冰洋的水域被视为南极海，但因为海洋学上发现南冰洋有重要的不同洋流，于是国际水文地理组织于2000年确定其为一个独立的大洋，成为第五大洋。但在学术界依旧有人认为大洋应有其对应的中洋脊所以不承认南冰洋这一称谓。中国出版的课本、地图等（如2009年中国地图出版社出版的《世界地图集》）均未标记南冰洋。

五颜六色的海

我们通常认为，海水是蓝色的，其实，大海是有很多种色彩的。

光是大海的化妆师，在大海中，不同深度的海水会吸收不同波长的光束，而光的波长不同颜色也不同。红光、橙光波长较长，海水吸收的多，反射的少；蓝色、青色波长较短，海水吸收的少，反射的多。所以人们通常看到的都是"蔚蓝色"的大海。

当海水中生长着很多以绿色为主的浮游生物时，我们就会看到绿色的海水。红海呈红色，是因为红海里生活着一种极细小的红色海藻，其对阳光产生反射作用，使得人们眼中的海水变成了红色。

欧洲北部有一个白海，海水白如牛奶。因为这里的气候异常寒冷，海面上几乎常年覆盖着细小的冰雪微粒，对光的反射极强，所以给人的感觉就是一片白光。

我国的黄海呈混黄色，是由于入海河流注入的泥沙量大，加上海水的混合作用，很多泥沙悬浮在海水中，黄色的泥沙对阳光产生反射作用，所以人们看到的海水呈黄色。

黑海的海水可以说是漆黑一片。因为这片海域的动植物遗体沉落海底后不能很快分解腐烂，就变成了黑色的堆积物，经过光的反射，人们就看到了名副其实的黑海。

面积最大、最深的海——珊瑚海

珊瑚海总面积达479.1万平方千米，相当于半个中国的国土面积，它的西边是澳大利亚大陆，南连塔斯曼海，东北面被新赫布里群岛、所罗门群岛、新几内亚岛（又名伊利安岛）所包围。从地理位置上看，它是南太平洋最大的一个属海。珊瑚海的海底地形大致由西向东倾斜，大部分地方水深3 000~4 000米，最深处则达9 174米，因此它也是世界上最深的一个海。珊瑚海地处赤道附近，因此它的水温也很高，全年水温都在20 ℃以上，最热的月份甚至超过28 ℃。在珊瑚海的周围几乎没有河流注入，这也是珊瑚海水质污染小的原因之一。这里海水清澈透明，水下光线充足，便于各种各样的珊瑚虫生存。同时，海水盐度在27‰~38‰之间，这也是珊瑚虫生活的理想环境，因此不管在海中的大陆架，还是在海边的浅滩，到处都有大量的珊瑚虫生殖繁衍。久而久之，逐渐发育成众多形状各异的珊瑚礁，这些珊瑚礁在退潮时会露出海面，形成热带海域所独有的绚丽奇观。"珊瑚海"便因此而得名。

大洋深度、面积和水量

大洋	平均深度/米	面积/平方千米	水量/立方千米	约占大洋表面积的比例/%	约占地球表面积的比例/%
太平洋	4 028	1.797×10^8	约 7.144×10^8	50	35.6
大西洋	3 597	9.336×10^7	约 3.547×10^8	25	18.5
印度洋	3 711	7.492×10^7	约 2.846×10^8	21	14.5
北冰洋	1 117	1.475×10^7	约 1.37×10^7	4	2.4

注：数据来源于《辞海》第7版。

按面积排名世界前十的海

名称	面积/平方千米	名称	面积/平方千米
珊瑚海	4.79×10^6	地中海	2.51×10^6
阿拉伯海	3.86×10^6	白令海	2.3×10^6
南海	3.56×10^6	塔斯曼海	2.3×10^6
威德尔海	2.89×10^6	鄂霍次克海	1.58×10^6
加勒比海	2.75×10^6	巴伦支海	1.4×10^6

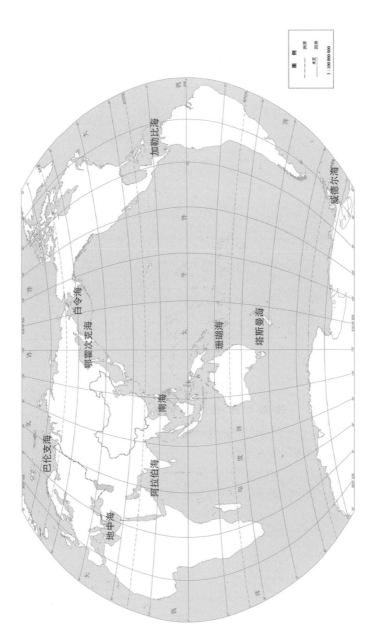

按面积排名世界前十的海洋分布

1.1.3 海底地貌

从海边到大洋中心，可以将海底世界分为三部分，分别是大陆边缘、大洋盆地和大洋中脊。大陆边缘包括大陆架、大陆坡、大陆隆等主要地理构造。大洋中脊是世界上最大的山系，而位于大陆边缘和大洋中脊之间的便是海洋的主要部分——大洋盆地，因为它占据了海洋总面积的45%以上。

■ 大陆边缘 —— 大陆向海洋的延伸

大陆边缘是指大陆与大洋之间广阔的过渡地带，包括大陆架、大陆坡、大陆隆以及海沟等海底地貌构造单元。

1.大陆架

大陆架是大陆向海洋的自然延伸，是环绕大陆的浅海地带，通常被认为是陆地的一部分，水深一般不超过200米，地势平缓，拥有丰富的生物资源和矿产资源。世界渔业资源的90%来自大陆架海域，全球石油产量20%来自大陆架。

2.大陆坡

大陆坡介于大陆架和大洋海底之间，是联系陆地的桥梁，它一边连接陆地边缘，一边连接海洋。大陆坡很陡，表面极不平整，分布着许多巨大深邃的海底峡谷。

3.大陆隆

大陆隆位于大陆坡和深海平原之间，靠近大陆坡处较陡，向深海减缓，水深1 500米~5 000米，大陆隆上沉积物主要来自大陆的黏土和砂砾，厚度在2 000米以上，富含有机质。大陆隆具有良好的油气远景。

4.海沟

海沟是位于海洋中的两壁较陡、狭长的、水深大于5 000米的沟槽，是海洋中最深的地方，最大水深可达10 000多米。

■ 大洋中脊 —— 全球规模最大的山系

大洋中脊隆起于海底中部，纵贯太平洋、印度洋、大西洋和北冰洋，彼此相连，面积约占洋底总面积的32.8%，是世界上最大规模的环球山系。大洋中脊是洋底扩张中心和新地壳产生的地带，火山、地震、热液活动等运动频繁。

■ 大洋盆地 —— 大洋的主体

大洋盆地是大洋的主体，约占海洋总面积的45%，有的与大陆隆相邻，有的直接与海沟相接，主要部分水深在4000米至5000米的开阔水域，地貌形态复杂多样，主要有海底高原、深海平原和星罗棋布的海山。

【阅读链接】

海底像海面一样平吗?

海底并非如我们想象的一样平的，海底有高耸的海山，起伏的海丘，绵延的海岭，深邃的海沟，也有坦荡的深海平原。整个海底可分为三大基本地形单元：大陆边缘、大洋盆地和大洋中脊。大陆边缘为大陆与洋底两大台阶面之间广阔的过渡地带，约占海洋总面积的22%；大洋盆地位于大洋中脊与大陆边缘之间，它的一侧与中脊平缓的坡麓相接，另一侧与大陆隆或海沟相邻，约占海洋总面积的45%；大洋中脊又称为中央海岭，是指贯穿世界四大洋、成因相同、特征相似的海底山脉系列，中洋脊为地球上最长、最宽的环球性洋中山系。

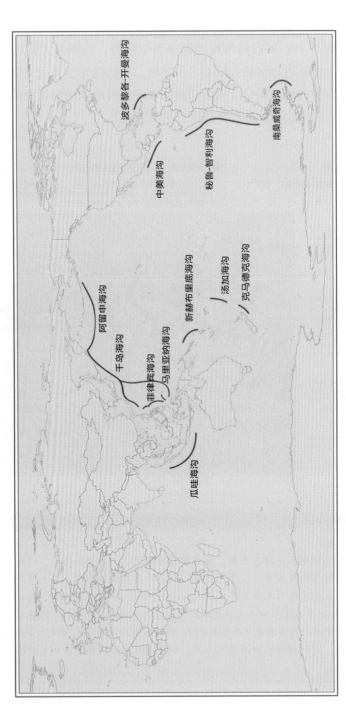

世界主要海沟分布图

注：马里亚纳海沟是目前所知最深的海沟，最深处约11 034米。

1.1.4　沿海区

　　河口是半封闭的与大海相通的海岸水体，它是江河入海的注入口，是咸、淡水交汇的区域，也是陆源沉积物通往大海的门户，有着奇特的生物景观、地貌景观和湿地景观。人类的发展让河口区渐渐成为经济最为发达的地区，河口也常常是内陆文明向海洋文明发展的重要基点。世界上80%的大城市都位于河口区，如伦敦、旧金山、上海……

　　中国的长江三角洲是长江入海之前的冲积平原，是中国第一大经济区，其城市群已是国际公认的六大世界级城市群之一。

广州珠江入海口

东方明珠——上海

1.1.5　海　峡

　　海峡是由海水通过地峡的裂缝长期侵蚀，或海水淹没下沉的陆地低凹处而形成的，一般水较深，水流较急且多涡流。海峡不仅是海上交通要道、航运枢纽，而且历来是兵家必争之地，人称海上交通"咽喉"。海峡一般分为内海海峡、领海海峡和非领海海峡。

　　内海海峡：位于领海基线以内，系沿岸国的内水，航行制度由沿岸国自行制定，如中国的琼州海峡。

　　领海海峡：宽度在两岸领海宽度以内者，通常允许外国船舶享有无害通过权。如海峡两岸分属两

【阅读链接】

世界上有哪些著名的海峡？

　　英吉利海峡和多佛尔海峡：位于欧洲大陆和大不列颠岛之间，日通行船只在5 000艘左右，连接北海和大西洋的。

　　马六甲海峡：位于马来半岛和苏门答腊岛之间，呈西北—东南走向，西口宽东口窄，呈喇叭状，是连接中国的南海和安达曼海的一条狭长水道，因临近马来半岛的古代名城马六甲而得名。海峡长1 000多千米，最窄处约40千米，最宽处达370千米，主要水道在靠近马来西亚一侧，水深25~113米，自

东南向西北逐渐加深，西口最深达200余米。

马六甲海峡是印度洋与太平洋之间的重要通道，连接了世界上人口非常多的三个大国:中国、印度与印度尼西亚，另外也是西亚到东亚的重要通道。

霍尔木兹海峡：位于伊朗和阿拉伯半岛之间，连接波斯湾和阿曼湾；

莫桑比克海峡：位于马达加斯加岛和非洲大陆之间，是世界上最长的海峡，全长1670千米。

德雷克海峡：位于南美洲火地岛和南极半岛之间，最宽、最深的海峡，最狭窄处的宽度达900千米，最大深度达5840米。

直布罗陀海峡：是地中海通向大西洋的唯一出口。从霍尔木兹海峡开出的油轮，源源不断地将石油运往欧美各国，被人们称为"西方世界的生命线"。

白令海峡：身兼多职，它既是连接太平洋和北冰洋的水上通道，也是两大洲（亚洲和北美洲）、两个国家（俄罗斯和美国）的分界线。国际日期变更线也从白令海峡的中央通过。

国，通常其疆界线通过海峡的中心航道，其航行制度由沿岸国协商决定；如系国际通航海峡，则适用过境通行制度。

非领海海峡：宽度大于两岸的领海宽度，在位于领海以外的海峡水域中，一切船舶均可自由通过。

海岛的法学定义通常是指四面环水并在高潮时高于水面的自然形成的陆地区域。

夏威夷群岛

海湾是一片三面环陆、一面为海的水体，有U形及圆弧形等，通常以湾口附近两个对应海角的连线作为海湾最外部的分界线。

渤海湾轮廓

第二单元　物理海洋

海洋是一个巨大的立体空间，海水的温度、盐度和密度等海洋水文参数的变化，海水运动及其相互作用的规律等，构筑了海洋变化莫测的壮丽景观。

▶▶▶▶▶▶▶ 1.2.1　海水属性
◀◀◀◀

温　度

世界大洋的整体平均温度为3.8 ℃，大洋表层水温变化于−2 ~ 30 ℃之间。大洋水温的日变化很小，变幅不超过0.3 ℃。其影响因素主要是太阳辐射、湍流、内波等。浅海、边缘海和内陆海表层水温受陆地影响，年变化比大洋要大。

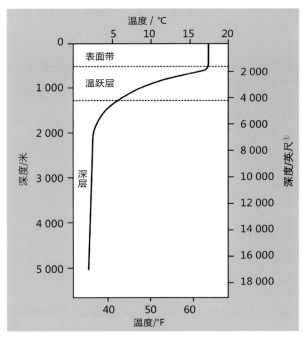

注：1英尺=30.48厘米。

大洋水温的铅直分布

大洋表层水温高，随深度增加而降低，在某一较窄的深度范围内，水温随深度迅速递减，且该层的深度不随季节变化，称该层为大洋主温跃层或永久性温跃层。

盐　度

　　控制大洋盐度的主要因素是蒸发和降水。世界大洋盐度平均值以大西洋最高为34.90克/千克；印度洋为34.76克/千克；太平洋为34.62克/千克。而海洋中盐度的最高与最低值多出现在一些大洋的边缘海中。如红海北部高达42.8克/千克，波罗的海北部盐度最低只有3.0克/千克。

【阅读链接】

死海为什么叫"死"海?

　　死海位于以色列和约旦之间的大裂谷——约旦裂谷中，南北长86千米，东西宽5~16千米不等，最深处为380.29米。死海的湖岸是地球上已露出陆地的最低点，有"世界的肚脐"之称。远远望去，死海形似一条双尾鱼。在阳光的照射下，海面像一面古老的铜镜。死海是地球上含盐量居第三位的水体。

　　死海中盐分为一般海水的8.6倍，致使水中没有生物存活，甚至连死海沿岸的陆地上也很少有生物。这也是人们称其为"死海"的原因之一。据世界环境保护组织的相关数据，死海水位正以每年3.3英尺(约1米)的速度下降，随着水量的不断减少，死海的含盐量不断升高。

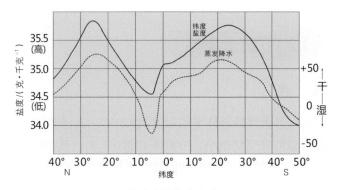

海洋表层盐度分布

　　海洋表层的盐度分布具有纬线方向的带状分布特征，呈"M"形分布。盐度的水平差异随深度的增大而减小，大洋深处的盐度分布几乎均匀。

密　度

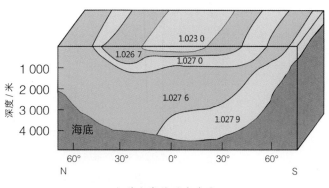

大洋密度的垂直变化

　　随着深度的增加，密度的水平差异不断减小，至大洋底已相当均匀。平均而言，温度对密度变化的影响比盐度大，海水密度随深度增加而不均匀地增大。

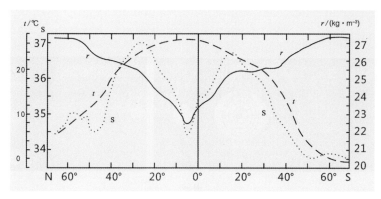

海水密度、温度、盐度曲线图

海水密度是温度、盐度和压力的函数，表层海水密度的典型值为1 027 kg/m³。决定海水密度的主要因素是前面提到的温度和盐度。凡能影响海洋温度、盐度的因子都会影响海水的密度。大洋表层密度的水平分布在经线方向呈"V"形分布，最小值在赤道偏北3°左右。

世界大洋的温度、盐度和密度的时空分布和变化，是海洋学研究基本的内容之一。它几乎与海洋中所有现象都有密切的联系。从宏观上看，世界大洋中温度、盐度、密度场的基本特征是，在表层大致沿纬度呈带状分布，即由东至西方向上量值的差异域相对很小；而在经向，即由南至北方向的变化却十分显著。

1.2.2 海水恒动

海 流

海流又称洋流，是海水因热辐射、蒸发、降水、冷缩等形成的密度不同的水团，再加上风应力、地球偏向力、引潮力等作用而进行的大规模相对稳定的流动。它是海水的普遍运动形式之一，像人体的血液循环一样，把整个世界大洋联系在一起，每条海流终年沿着比较固定的路线流动，使整个世界大洋得以保持其各种水文、化学要素的长期相对稳定。

【阅读链接】

世界上著名的海洋渔场有哪些?

寒暖流交汇的海区，海水受到扰动，可以将下层营养盐类带到表层，有利于鱼类大量繁殖，为鱼类提供诱饵；两种洋流还可以形成"水障"，阻碍鱼类活动，使得鱼群集中，形成较大的渔场。世界四大渔场及其洋流成因如下。

北海道渔场：位于日本北海道岛附近，日本暖流和千岛寒流交汇。

北海渔场：位于欧洲北海，北大西洋暖流与极地东风带带来的北冰洋南下冷水交汇。

秘鲁渔场：海岸盛行东南信风，为离岸风，导致上升补偿流（亦称涌流）。

纽芬兰渔场：位于加拿大纽芬兰岛附近，墨西哥湾暖流和拉布拉多寒流交汇。

潮　汐

潮汐

　　潮汐是地球上的海洋表面受到太阳和月球的潮汐力作用而产生的涨落现象。潮汐的变化位置与月球、太阳和地球的相对位置有关。古代称白天的河海涌水为"潮"、晚上的河海涌水为"汐"，合称"潮汐"。潮汐可分为：一个太阳日出现两次高潮和两次低潮的半日潮型，如圭岛、厦门；一个太阳日只出现一次高潮和一次低潮的全日潮型，如汕头、秦皇岛；以及混合潮型，如我国南海多数地点。

世界著名涌潮——钱塘江大潮

海 浪

海浪

海浪通常是指海洋中由风产生的波浪。包括风浪、涌浪和近岸波。广义上的海浪，还包括天体引力、海底地震、火山爆发、塌陷滑坡、大气压力变化和海水密度分布不均等外力和内力作用下，形成的海啸、风暴潮和海洋内波等。

1.2.3 海洋灾害

海洋灾害是指海洋自然环境发生异常或激烈变化，导致在海上或海岸发生的灾害。海洋灾害主要有灾害性海浪、海冰、赤潮、海啸和风暴潮；与海洋和大气相关的灾害性现象还有"厄尔尼诺现象""拉尼娜现象"和台风等。

厄尔尼诺现象是秘鲁、厄瓜多尔一带的渔民用以称呼一种异常气候现象的名词。主要指太平洋东部和中部的热带海洋的海水温度异常地持续变暖，使整个世界气候模式发生变化，造成一些地区干旱而另一些地区又降雨量过多。在南美洲西海岸、南太平洋东部，自南向北流动着一股著名的秘鲁寒流，每年的11月至次年的3月正是南半球的夏季，

【阅读链接】

全国"防灾减灾日"的由来？

中国是一个海洋大国，东濒太平洋，有18 000千米长的海岸线和16 000千米长的海岛岸线。沿海海洋灾害频发，灾害影响范围广，沿海分布的11个省（直辖市、自治区）都存在发生风暴潮、海浪、溢油等海洋灾害的风险，对我国沿海地区经济社会的发展影响重大。近10年统计资料显示，我国由风暴潮、海浪、海冰、赤潮等海洋灾害造成的直接经济损失年均为114亿元，年均死亡（含失踪）78人左右。各类海洋灾害中，造成直接经济损失最严重的是风暴潮灾害，造成死亡（含失踪）人口最多的是海浪灾害。

作为世界上遭受海洋灾害最严重的国家之一，我国沿海地区各类海洋灾害发生的频率和受灾程度呈不断加大的趋势，我国海洋防灾减灾工作面临越来越大的压力和挑战。

1989年，联合国经济及社会理事会将每年10月的第二个星期三确定为"国际减灾日"，旨在唤起国际社会对防灾减灾工作的重视，敦促各国政府把减轻自然灾害列入经济社会发展规划。

2008年5月12日，我国四川省汶川县发生8.0级特大地震，损失影响之大，举世震惊。2009年，经国务院批准，将5月12日确定为全国"防灾减灾日"。设立我国的"防灾减灾日"，一方面是顺应社会各界对我国防灾减灾工作关注的诉求，另一方面也是为了进一步提高国民防灾减灾意识。

南半球海域水温普遍升高，向西流动的赤道暖流得到加强。恰逢此时，全球的气压带和风带向南移动，东北信风越过赤道受到南半球自偏向力（也称地转偏向力）的作用，向左偏转成西北季风。西北季风不但削弱了秘鲁西海岸的离岸风——东南信风，使秘鲁寒流冷水上泛减弱甚至消失，而且吹拂着水温较高的赤道暖流南下，使秘鲁寒流的水温反常升高。这股悄然而至、不固定的洋流被称为"厄尔尼诺暖流"。

厄尔尼诺现象

拉尼娜现象是厄尔尼诺现象的反相，也称为"反厄尔尼诺"或"冷事件"，它是指赤道附近东太平洋水温反常下降的一种现象，表现为东太平洋明显变冷，同时也伴随着全球性气候混乱，总是出现在厄尔尼诺现象之后。

拉尼娜现象常与厄尔尼诺现象交替出现，但发生频率要比厄尔尼诺现象低。拉尼娜现象出现时，我国易出现冷冬热夏，登陆我国的热带气旋个数比常年多，出现"南旱北涝"现象；印度尼西亚、澳大利亚东部、巴西东北部等地降雨偏多；非洲赤道地区、美国东南部等地易出现干旱。

拉尼娜现象

赤潮

赤潮是指海洋中某些浮游生物（尤指藻类）、原生动物或细菌等在一定环境条件下爆发性增殖或聚集达到某一水平，引起水色变化并对其他海洋生物产生危害的一种生态异常现象。赤潮的主要危害是破坏海洋生态环境，造成海洋生物大量死亡，对渔业、养殖业具有极大的破坏作用；并有可能造成食用被赤潮生物污染的海产品的人员中毒，损害人体健康甚至导致其死亡。

海啸是由海底地震、火山爆发、海底滑坡等引起海水陡涨的一种强烈海洋灾难。图为2004年12月26日，印度尼西亚苏门答腊岛西侧的印度洋海域发生强烈地震并引发海啸，此次地震和海啸导致29.2万人罹难。

地震引发海啸

【阅读链接】

海啸可以预测吗？

对海啸的科学研究和实践经验表明，海啸是可以预知的。借助先进的地震监测仪器和通信设备，国际上已建立了海啸预警系统。它能对海啸的产生、传播和发展过程进行实时监测，并及时发出警报信息，为防灾减灾和确保人们的生命财产安全赢得了宝贵时间，做到防患于未然，从容地面对海啸灾难……

1965年，在美国地震海啸预警系统的基础上，建立了国际海啸预警系统（ITWS，International Tsunami Warning System）。该系统是对海啸进行监测、预报的预警网络，由地震与海啸监测系统、海啸预警中心和信息发布系统等三大系统组成。该系统的成员国主要是太平洋、印度洋沿岸国家和一些岛屿国家。该系统的主要任务是测定发生在太平洋海域及其周边地区能够产生海啸的地震位置及其震级大小，如果地震的位置和震级大小超过了可能产生海啸的警戒线，就要向各个成员国发布海啸预警信息。中国于1983年加入国际海啸预警系统，目前我国已有国家和地方两级地震监测台网，已具备海啸预警能力。

第三单元　海洋资源

在浩瀚的海洋世界中，最富活力的莫过于丰富多彩的海洋生物。大到几十吨重的鲸鱼，小到用显微镜才能观察到的微生物，形形色色，应有尽有。海底还蕴藏着丰富的固体、液体和气体等矿产资源。

1.3.1　海洋生物

海洋生物资源十分丰富,海洋生物的分布比陆生生物更具有垂直分布的洋带性特点。据最新估计，海洋生物约 200 万种，其中鱼类有 2 万种；地球上80%的生物资源在海洋中。

海洋中有细菌、海藻海草、浮游生物、无脊椎动物、脊椎动物等各种类型的生物。海洋中细菌是分布最广的生物，遍布所有深度和维度。大部分细菌是有氧呼吸者，但也有一部分厌氧细菌依靠分解化合物来获得氧。这些小家伙为物质循环做出了巨大贡献。海藻并不只是植物，它们吸附在海底而叶子漂浮在近海面，吸收阳光和营养素。与海藻不同，海草是真正的植物，它们像陆地上的植物一样，有根、茎、叶、花和种子。在海底，它们可以形成巨大的草甸，为海洋生物提供生活空间。浮游生物很小，仅由一个或几个细胞构成，除了浮游生物，还有一部分是浮游植物。无脊椎动物在海洋中达到巅峰，似乎在每个微小的栖息地中都有可以生活在其间的无脊椎动物。海绵就是典型的无脊椎动物，它们理论上是永生的，如果海绵被撕碎了，每个碎块都可以长成一个新的海绵。章鱼、水母、鱿鱼等我们常见的生物也是无脊椎动物。当然无脊椎动物并不意味着它们是软软的，节肢动物也是无脊椎动物，虾、螃蟹等就属于这一类。海洋中位于金字塔顶端的无疑是脊椎动物。鱼类是海中的绝对多数（不算微生物）的脊椎动物，它们主要分为硬骨鱼和软骨鱼两类。鲨鱼是最古老的软骨鱼。而硬骨鱼的数目与种类要远多于软骨鱼，金枪鱼、比目鱼甚至鳗鱼都是硬骨鱼，尽管它们看上去不那么硬。海鸟也是脊椎动物，虽然它们不生活在海中，可是却以海为生。海龟、海蛇还有咸水鳄是生活在海中的爬行动物，它们与陆地上的亲戚十分的相近。最后要说的一类脊椎动物是生活在海洋中的哺乳动物。所有的鲸目动物，包括鲸、海豚和鼠海豚都是哺乳动物，它们用肺呼吸，但生活在海中。除此之外，海象海狮和网红动物海獭也都是海洋哺乳动物。

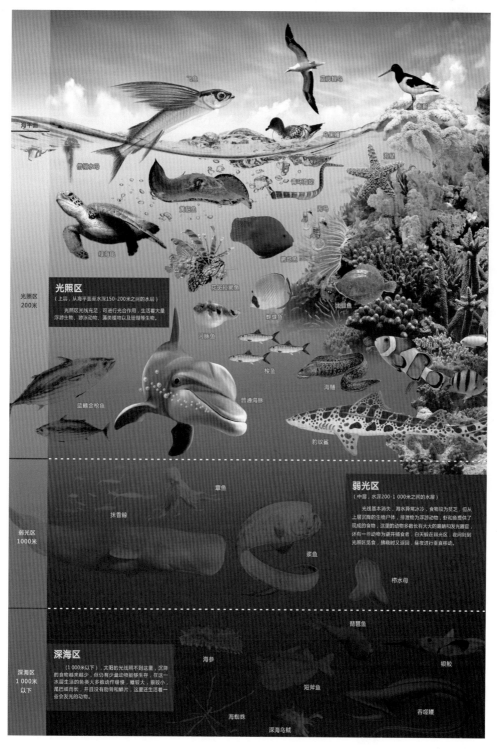

海洋生物垂直面分布示意图

相互依存的共生

互利共生是一种十分重要的生物间关系。在海洋生物群落中，动物之间的互利共生，就好像人与人之间的互相帮助、互相依存。而捕食关系也可以转化为生物间的互利共生。

小丑鱼与海葵有着密不可分的共生关系，小丑鱼居住在海葵的触手之间，海葵触手上的毒刺使小丑鱼免于被敌人掠食，而小丑鱼身体表面会分泌一种特殊的黏液来保护自己不被海葵伤害。同时，小丑鱼可以使海葵免于被以海葵为食的鱼类食用。

小丑鱼

美人虾

美人虾用长而锋利的钳子从其他大型鱼类身上摘取寄生物或残留碎屑，以"打扫"之名获取大量营养物，大型鱼类知道美人虾对其有帮助，所以不会吃它们。

为了避敌而伪装

很多海洋生物很难辨认，因为它们的身体形状酷似周围的环境，这就是伪装。伪装可以帮助生物体在遇到危险时躲藏起来，也可以帮助它们悄悄地接近猎物。

比目鱼

乌贼

比目鱼会利用海底来伪装自己，它们常常把自己埋在沙子里一动不动，这样别的动物就看不到它们了。

乌贼在海底搜寻食物，在经过不同区域时，会改变身体的颜色以融入周围环境之中。

发光的深海生物

深海生物发光的本领是其对深海环境的一种适应，是其生存和繁衍的重要手段之一，它们通过发光来诱捕食物，吸引异性，进行种群联系或迷惑敌人。

鮟鱇鱼

鮟鱇鱼头部上方有个肉状突出，形似小灯笼。小灯笼之所以会发光，是因为在灯笼内有腺细胞，能够分泌光素，光素在光素酶的催化下，与氧作用进行缓慢的氧化反应而发光，小灯笼成了鮟鱇鱼引诱食物的利器。

萤火虫鱿鱼

【阅读链接】

深海中为什么会有发光的鱼

生活在陆地上，我们时时刻刻都能感受到光的存在，但是，在那深不可测、一片漆黑的海洋里，也可以看见点点的亮光，这是因为在海洋深处存在着会发光的鱼类。这样的亮光与我们在陆地上见到的亮光是不一样的，在海底深处看到的亮光是鱼类的生物发光，是由生物体内的物质之间发生化学反应形成的。

鱼类发光的原因有两种：第一种是自身的本领，即它们有发光的器官，能够自己发光。这样的器官在结构排列上具有特殊性，还有着高度发达的晶状体，例如平鳍蟾鱼，在其腹部有800多个发光器官。第二种是借助于其他的手段发光，这种手段其实就是发光细菌，主要发生在与发光细菌共生的鱼类上。这种依靠外来手段而拥有发光"能力"的鱼类无法控制光的强度。

萤火虫鱿鱼，大约3英寸（1英寸=2.54厘米）长，身上覆盖着发光器，这些发光器中含有产生光的化学物质。断断续续的闪光吸引小鱼游过来，萤火虫鱿鱼就会伸出自己的触角，猛扑向小鱼，这样就狩猎成功了。

为了生存和繁衍而迁徙

一些海洋生物为了寻求配偶，繁衍后代，寻找食物或躲避季节变化而进行有规律的长距离迁徙，太阳、气味、声音或地球的磁场等线索能为它们指引方向。

海洋爬行动物里旅行最远的是绿海龟，它们平时在巴西海岸边觅食，繁殖地却在大西洋中央的阿森松岛附近。因此，绿海龟每两三年就会从巴西游到阿森松岛，行程达2 250千米。

灰鲸在北极附近的海域觅食，需要繁殖的时候会游到墨西哥海岸边。

绿海龟

灰鲸

南极磷虾，长6厘米，重2克，寿命达6年，蕴藏量4亿～6亿吨，亦有说法是50亿吨，因此人们把南极海域称为世界未来的食品库。

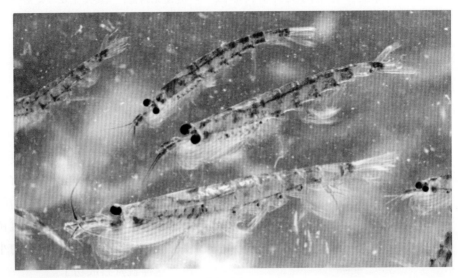
南极磷虾

1.3.2 化学矿产

　　海底区域内蕴藏着丰富的矿产资源，其中仅多金属结核资源就多达3万亿吨,富钴结壳资源量仅在太平洋区域就有1 000亿吨，已发现的热液硫化物矿点300余处，深海中蕴藏的天然气水合物资源量为陆地煤、石油、天然气总当量的两倍。

海水中微量元素的浓度概览

单位：$mg \cdot L^{-1}$

元素	化学符号	浓度	元素	化学符号	浓度
铝	Al	5.4×10^{-1}	锰	Mn	3×10^{-2}
锑	Sb	1.5×10^{-1}	汞	Hg	1×10^{-3}
砷	As	1.7	钼	Mo	1.1×10^{1}
钡	Ba	1.37×10^{-1}	镍	Ni	5×10^{-1}
铋	Bi	$\leqslant 4.2 \times 10^{-5}$	铌	Nb	$\leqslant 4.6 \times 10^{-3}$
镉	Cd	8×10^{-2}	镁	Mg	5×10^{-8}
铈	Ce	2.8×10^{-3}	镭	Ra	7×10^{-8}
铯	Cs	2.9×10^{-1}	钪	Sc	6.7×10^{-4}
铬	Cr	2×10^{-1}	硒	Se	1.3×10^{-1}
钴	Co	1×10^{-3}	银	Ag	2.7×10^{3}
铜	Cu	2.5×10^{-1}	铊	Tl	1.2×10^{-2}
镓	Ga	2×10^{-2}	钍	Th	1×10^{-2}
锗	Ge	5.1×10^{-3}	锡	Sn	5×10^{-4}
金	Au	4.9×10^{-3}	钛	Ti	$< 9.6 \times 10^{-1}$
铟	In	1×10^{-4}	钨	W	9×10^{-2}
碘	I	5×10^{1}	铀	U	3.2
铁	Fe	6×10^{-2}	钒	V	1.58
镧	La	4.2×10^{-3}	钇	Y	1.3×10^{-2}
铅	Pb	2.1×10^{-3}	锌	Zn	4×10^{-1}
锂	Li	1.7×10^{2}	稀土		$5 \times 10^{-3} \sim 3 \times 10^{-2}$
铷	Rb	1.2×10^{2}			

世界海洋油气资源

世界海洋石油资源量占全球石油资源总量的34%，其中已探明的储量约为380亿吨。海洋油气资源主要分布在大陆架，约占全球海洋油气资源的60%，但大陆坡的深水、超深水域的油气资源潜力较大，约占30%。在全球海洋油气探明储量中，目前浅海仍占主导地位，但随着石油勘探技术的进步，勘探逐渐进入深海。

从区域看，海上石油勘探开发形成三湾、两海、两湖的格局。"三湾"即波斯湾、墨西哥湾和几内亚湾；"两海"即北海和南海；"两湖"即里海和马拉开波湖。

海洋油气的勘探开发是陆地石油勘探开发的延续，经过由浅水到深海的发展历程。1887年，在美国加利福尼亚海域钻探了世界上第一口海上探井，拉开了海洋石油勘探的序幕。全球对深海进行勘探的有50多个国家。中国已成为世界海洋石油生产大国之一，建成了完整的海洋石油工业体系。

我国南海神狐海域天然气水合物试开采

2017年5月，我国南海神狐海域天然气水合物试开采取得历史性突破。据测算，仅我国南海的天然气水合物资源量就达700亿吨油量，约相当于我国目前陆地上石油、天然气资源总和的1/2。

多金属结核

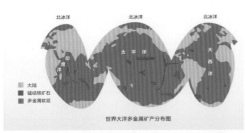

世界大洋多金属矿产分布

多金属结核分布在世界大洋底部水深2 000～6 000米的海底表层。它的外形呈暗褐色，直径一般为3～7厘米，是沉淀于海洋、湖泊底的黑色团块状铁锰氢氧化物，因含铁、锰、铜、镍、钴等几十种金属元素，故名"多金属结核"。据科学家们分析估计，世界洋底多金属结核资源为3万亿吨，仅太平洋就达1.7万亿吨。多金属结核又称锰结核、锰矿球、铁锰结核、锰矿瘤和锰团块等。

多金属结核是1868年首先在西伯利亚岸外的北冰洋喀拉海中发现的。1872—1876年英国"挑战者"号考察船进行科学考察期间，发现世界大多数海洋都有多金属结核。结核在不同深度海底都存在，但4 000至6 000米深度赋存量最丰富。多金属结核广泛应用于航空、航天、半导体等领域。

富钴结壳

富钴结壳又称钴结壳、铁锰结壳。它是形成在海底岩石或岩屑表面的皮壳状铁锰氧化物和氢氧化物，因富含钴，故称其为富钴结壳。构成结壳的铁锰矿物主要为二氧化锰和针铁矿。其中，含锰（2.47%）、钴（0.90%）、镍（0.5%）、铜（0.06%）（平均值）、稀土元素总量很高，很可能成为战略金属钴、稀土元素和贵金属铂的重要资源。富钴铁锰结壳氧化矿床遍布全球海洋，集中在海山、海脊和海台的斜坡和顶部。开采结壳的技术难度大大高于开采多金属结核。采集结核比较容易，因为结核形成于松散沉积物基底之上，而结壳却或松或紧地附着在基岩上。采矿机上的铰接刀具既要将结壳碎裂，同时又要尽量减少采集基岩数量。除日本外，其他各国对结壳开采技术的研究和开发均有限。

热液硫化物

深海热液又称"热液硫化物"，是大陆板块与海洋板块之间的火山口，有200多米高，形状与烟囱极为相似，其附近的温度高达400 ℃。"热液硫化物"是日益受到国际关注的海底矿藏，主要出现在2 000米水深的大洋中脊和断裂活动带上，是一种含有铜、锌、铅、金、银等多种元素的重要矿产资源。对于它的生成，海洋科学家们经过实地考察后认为：热液硫化物是海水侵入海底裂缝，受地壳深处热源加热，溶解地壳内的多种金属化合物，再由洋底喷出的烟雾状的喷发物冷凝而成的，被形象地称为"黑烟囱"。这些亿万年前生长在海底的"黑烟囱"不仅能喷"金"吐"银"，形成海底矿藏，具有良好的开发远景，而且很可能与生命起源有关，并具有巨大的生物医药价值。

过去，人们一直相信深海是一片黑暗与死寂。其实，在黑暗且酷热的深海黑烟囱旁生活着种类繁多的热液生物群。它们无须光合作用，也不用植物作为食物链基础，地热能替代了太阳能。它们在这样的环境下依靠完全不同的化学有机质来维持生命活动，仅仅依靠海底可燃冰释放出的甲烷等流体就能顽强生存下来。

"蛟龙"号第89次下潜时机械手臂在高温热液流体喷口硫化物烟囱体取样

"蛟龙"号第96次下潜时拍摄的正在喷发的黑烟囱

"蛟龙"号第96次下潜时拍摄的低温渗漏区生物群落

2012年8月,"海洋六号"首次在西太平洋某海山周围5 000米水深以下发现资源量巨大的富钴结核矿,图为科研人员在清理多金属结核样本。

可燃冰

清洁无污染

燃烧值高

Ch4 H₂O
成分
甲烷/水

能量大

可燃冰

可燃冰分布

地球海洋总面积

仅在海底区域,可燃冰的分布面积就达4000万平方公里,占地球海洋总面积的1/4。

纯净的天然气水合物呈白色,形似冰雪,能像固体酒精一样直接点燃,被形象地称为可燃冰。

据估算,全世界可燃冰资源总当量大约相当于全球已知煤、石油和天然气总资源当量的2倍。

【阅读链接】

可燃冰可以开采了吗?

虽然可燃冰具有无限的发展前景,但其开采并不容易。目前,相关国家已经在深海和陆地冻土区成功进行了多次可燃冰试采研究,对降压法、热解法、二氧化碳置换法等一系列可燃冰开采方法进行了初步探索,还在美国、加拿大、日本、中国等国相关海域或陆上成功钻取到了可燃冰。但是,这也仅仅能够证明,现有技术能从可燃冰矿藏中开采出天然气,而不能说明更多。可以说,当前世界各国对可燃冰开采的研究仍然处于探索和起步阶段,能够经济有效地开发可燃冰的技术和方法尚未摸索出来,距离大规模的商业性开发还相差很远,产业化仍有很长的路要走。总结起来,可燃冰商业开采主要面临技术难题、成本劣势、生态环境风险三大挑战。

1.3.3　海洋能

海洋能指依附在海水中的可再生能源。海洋通过各种物理过程接收、储存和散发能量,这些能量以潮汐能、波浪能、温差能、盐差能、海流能等形式存在于海洋之中。海洋能不仅形式多样而且储量巨大,是一种取之不尽、用之不竭的可再生能源,被称为"21世纪的绿色能源"。

盐差能

盐差能是指海水和淡水之间或两种含盐浓度不同的海水之间存在渗透压以及稀释热、吸收热、浓淡电位差等浓度差能,这种能量可以转换成电能。盐差能是以化学能形态出现的海洋能,主要存在于河海交接处。据估计,世界各河口区的盐差能达30太瓦,可能利用的有2.6太瓦。盐差能的研究以美国、以色列的研究为先,中国、瑞典和日本等也开展了一系列研究。但总体上,对盐差能这种新能源的研究还处于实验室水平,离示范应用还有较远的距离。

潮汐能

在海水的各种运动现象中潮汐最具规律性,潮汐能是由潮汐现象产生的能源。在各种海洋能的利用中,潮汐能的利用是最成熟的。据海洋学家计算,世界上潮汐能发电的资源量在10亿千瓦以上。1913年,德国在北海海岸建立了世界上第一座潮汐发电站。而世界上最大的潮汐发电站是1967年法国建成的郎斯电站。中国早在20世纪50年代就已开始利用潮汐能,1956年建成的福建省浚边潮汐水轮泵站就是以潮汐作为动力来扬水灌田的,1957年,我国在山东建成了我国第一座潮汐发电站。

波浪能

　　波浪能是指海洋表面波浪所具有的动能和势能，波浪能具有能量密度高、分布面广等优点。据世界能源委员会的调查结果显示：全球可利用的波浪能达20亿千瓦，数量相当可观。100多年来各国科学家提出了300多种设想，发明了各种各样的发电装置。但因波浪能的不稳定性，这些发电装置普遍存在发电功率小、发电品质差、单机容量在千瓦级以下等缺陷。因而波浪发电技术仍未达到普及的应用水准。我国首座岸式波力发电站于2000年在汕尾建成，2001年2月进入试发电，最大发电功率100千瓦。

半潜式波浪能养殖旅游平台"澎湖号"侧视图

温差能

　　海水温差能是指海洋表层海水和深层海水之间水温差的热能，是海洋能的一种重要形式。海洋的表面把大部分的太阳辐射能转化为热能并储存在海洋的上层，而接近冰点的海水大面积地在不到1 000米的深度从极地缓慢地流向赤道，从而在许多热带或亚热带海域终年形成20℃以上的垂直海水温差。利用这一温差可以实现热力循环并发电。首次提出利用海水温差发电设想的是法国物理学家阿松瓦尔。1926年，阿松瓦尔的学生克劳德利用海水温差发电实验成功。温差能利用面临的困境是温差太小、能量密度低、效率低（3%左右）、换热面积大、建设费用高，目前，各国仍在积极探索中。1979年，美国在夏威夷近海建成世界上第一座闭式循环海水温差能发电试验船（输出功率50千瓦）；1990年，日本在和泊镇建成世界上最大的实用型海洋热能发电站（输出功率1 000千瓦）。

海流能

海流能是指海水流动的动能，主要是指海底水道和海峡较为稳定的流动以及由于潮汐导致的有规律的海水流动所产生的能量。据估计，全球海流能高达5太瓦，中国的海流能属于世界上功率密度最大的地区之一，特别是浙江舟山群岛的金塘、龟山和西堠门水道，平均功率密度在20千瓦/米^{2}以上，开发环境和条件很好。据悉，我国已成为继英国、美国之后，第三个实现海流能发电并网的国家，这标志着中国海流能发电已攻克"稳定"难题。

【阅读链接】

世界首座海洋潮流能发电项目的诞生

2014年5月，LHD海洋潮流能发电项目在岱山县秀山岛的东南海域开始施工。2016年7月27日，该项目首期1兆瓦机组在舟山顺利下海发电，8月成功并入国家电网。2017年5月25日开始，该1兆瓦机组实现全天候发电并网运行。2018年年底，该项目第二代、第三代机组相继顺利下海发电，截至2020年4月，累计发电并网1 763 397.7千瓦时。

位于舟山岱山县秀山岛东南海域的LHD海洋潮流能发电站

放眼深海开发　共享海洋资源

陆儒德

深海是开拓海洋资源的主要领域。

在世界经济持续低迷和国内经济增速放缓的大环境下，我国海洋经济继续保持总体平稳增长势头，海洋经济已成为国家经济发展的强劲支柱产业。"一带一路"倡议的实施，加快了海洋经济"走出去"的步伐，海洋产业对外合作不断拓展。

现代科学探索表明，不断发现的多金属结核、富钴结壳、多金属硫化物、可燃冰等深海矿产，将成为陆地资源枯竭时的替代资源，是人类可持续发展的物质基础。《联合国海洋法公约》最为伟大的创举是将国际海底及其资源法定为"人类的共同继承财产"，任何国家或自然人都不应对其任何部分或其资源提出主张或行使主权，只有联合国国际海底管理局有权代表全人类，在只用于和平目的、资源共享、可持续发展的原则下，进行勘探、开发和负责各国经济利益的合理、公平分配。这一旷古未有的海洋法律新制度，推动人类结束了数千年来强国通过战争争夺海洋资源的历史，进而迈向了各国共同管理海洋、共享海洋资源的新时代。

深海开发是一项大投入、大风险，最终可能获取大利益的产业。为鼓励各国大力投入深海资源的勘探、开发，逐步带动世界性深海开发和实现各国（包括内陆国）经济利益的公平分配，目前深海勘探开发实行"平行开发"制度。

国家、企业或个人，都可以在大洋里选择矿区，向国际海底管理局申请开发。申请者对预定矿区进行勘探活动后，将勘探矿区分成具有同等价值的两块矿区。申请者可以自行选定一块，作为同海底管理局签约的"合同区"，具有专属的优先开发权。同时，将另一块矿区及其勘探资料交给国际海底管理局，作为"保留区"，由国际海底管理局组织国际开发，所得经济利益属于世界各国。这是海洋开发新制度,真正体现了深海资源是全人类的共同继承财产。

深海是海洋资源竞争的主要战场。

1873年,英国"挑战者"号科学考察船发现海底锰结核,掀起了探索深海资源的热潮。此后,又发现了富钴结壳、多金属硫化物、可燃冰等新矿种。科学家宣称,人类找到了陆地资源告罄时的替代能源,足以保障人类可持续发展的需要。这是 20 世纪海洋上的重大发现,由此人类进入了立体勘探、开发海洋的新世纪。

研究表明,85%~90%的经济增长都要依靠以科学研究为基础的技术革新,海洋科学对研究人类和海洋的关系将产生重大影响。我国深海资源勘探、开发起步迟于发达海洋国家,但取得了长足进步,已经步入了世界先进行列。

2015年,中国深海装备技术取得突破性进展,"蛟龙"号"海龙"号和"潜龙"号组成的"三龙"体系成为资源勘察中的主力军。新一代"彩虹鱼"1.1 万米全海深载人潜水器和配套的深海基地建立,将为开展国际科学合作,推进深海资源、深渊生命科学研究,以及人类探索海洋做出重要贡献。

建设海洋强国要求我们不能只看到自己的管辖海域,而应放眼世界,大力投入大洋深海资源。

开发,这是履行海洋强国的国际责任。

开发深海,"五矿"示范意义重大。

深海海底区域资源是人类的共同财富。根据《联合国海洋法公约》,国家、国际组织、社会团体、私人企业均可取得法人地位,与国际海底管理局签订深海开发的合作协议。2015年7月20日,中国五矿集团公司在东太平洋海底多金属结核资源勘探合同区的申请获国际海底管理局核准,获得国际海底7.3万平方公里面积矿区的优先开采权,这一面积大致相当于渤海的大小。中国五矿集团公司此次申请的合同区是继中国大洋矿产资源研究开发协会获得的东太平洋多金属结核勘探合同区、西南印度洋多金属硫化物勘探合同区和西太平洋富钴结壳勘探合同区后,我国获得的第4块专属勘探合同区。

《深海海底区域资源勘探开发法》规定:"国家保护从事深海海底区域资源勘探、开发和资源调查活动的中华人民共和国公民、法人或者其他组织的正当权益。"该法的颁布,不仅规范了深海海底区域资源勘探、开发活动,促进深海海底区域资源的可持续利用,维护人类的共同利益,而且为中国公民、法人或者其他组织从事深海海底区域资源勘探、开发活动的正当权益提供了法律保障。

中国企业参与国际海底开发是"走出去"的重要一步。中国五矿集团公司对中国企业跨越国界、走向世界的示范、引领意义十分深远。我们期盼更多的中国企业和实业家走向海洋，投入前景光明的深海资源开发，为国家繁荣富强和和平利用海洋做出贡献。

原文载于《中国海洋报》（2016年3月14日第001版）

作者简介：陆儒德，海军大连舰艇学院原航海系主任、教授，国内知名海洋学者和军事评论员。

走近海洋文化：从自觉到自信

海洋文化馆筹建小组

党的十八大以来，党中央高度重视我国海洋事业的发展，做出了建设海洋强国的重大部署。习近平总书记在党的十九大报告中明确要求"坚持陆海统筹，加快建设海洋强国"，为建设海洋强国再一次吹响了号角。我国是拥有300万平方千米主张管辖海域、1.8万千米大陆海岸线的海洋大国，壮大海洋经济、加强海洋资源环境保护、维护海洋权益事关国家安全和长远发展。新时代的海洋强国战略与目标需要高等教育的人才与智力支撑。在这样的历史条件下，学校党委准确把握当前形势，充分发挥优势特色，提出建立一个集中展示海洋文化、从事海洋研究、普及海权教育的场馆，进一步提高师生的海洋意识，为学校"三海一核"特色办学提供更大支撑。

21世纪，海洋经济高度发展。全球化战略中，围绕着海洋资源、水环境、海疆与海峡通道的纷争，构成了当代海洋文化的显著特征。习近平总书记强调，海洋在国家经济发展格局和对外开放中的作用更加重要，在维护国家主权、安全、发展利益中的地位更加突出，在国家生态文明建设中的角色更加显著，在国际政治、经济、军事、科技竞争中的战略地位也明显上升，要进一步关心海洋、认识海洋、经略海洋。实际上，中国几千年的陆地聚居与农耕为中心的传统思想影响仍深，国人的海洋意识，我国的海洋科学、文化及国防力量仍需极大地增强。通过前期的大量调研与实地考察，全国有以海洋类为主题的展馆仅仅不到30家，其中，有两家国家级在建的海洋博物馆：国家海洋博物馆（天津）、中国（海南）南海博物馆。高校中，仅有中国海洋大学的海洋权益教育馆（以海洋权益教育为特色）。可以说，国内海洋文化的普及、研究尚在起步阶段。

文化自信，是更基础、更广泛、更深厚的自信。明白一种文化的来历、形成的过程、所具有的特色和它发展的趋向，是费孝通先生所说的"文化自觉"。大学的根本任务在立德树人，"文化自觉"反映了人们对文化发展的理性思考，也是育人中的重要组成。在高校里建设海洋文化馆，也是希望在校学生，以及广大青少年，能够建立一个"大海洋观"。通过感性认识，站在海洋文化的古今问题、中外问题、价值问题等不同维度，经过理性思考与升华，以期达到对中国海洋文化的自觉与自信。

新时代、新环境下，认识海洋，读懂海洋文化，唤醒受众的文化自觉与自信，进一步提高师生的海洋意识，支撑国家海洋强国战略，支撑学校特色办学等核心思想具体表达浓缩为哈尔滨工程大学海洋文化馆的建设定位：力争建设成为学校"三海一核"特色办学的文化育人基地、海洋科普研究的海防知识研究基地、传播海洋文化的爱国主义教育基地和国家海洋文化科普教育基地。这也是海洋文化馆四个板块设置的基本考虑，让学生渐进了解海洋在人类生存中占据的重要地位，"海权论"何以在西方国家受到如此广泛的推崇，以及近年来"南海之争"等国际争端的本质以及我国海洋文化发展脉络等等。从认知到了解，进而深入研究，是从感性到理性的过程，更是从认识到热爱的过程，升华为毕生之信仰的过程。因此，筹备小组组长、校长助理严汝建认为，海洋文化馆的建设，首先要脉络清晰，让大家有个总体的认识；其次是亮点突出，着重体现我校的特色，在自然、人类、世界、中国的逻辑层次下，体现在中国海洋事业发展中哈尔滨工程大学的贡献与支撑。

长河浩荡，站在时间的轴线上，要把握住历史、现在与未来；高山巍峨，在价值的维度上，要把握住时代精神、民族精神与核心价值；兼容并蓄，站在世界的视野下，要把握住文化的差异与交流，才能更好地建设起文化自信。预建立文化自信，必先"文化自觉"。海洋文化馆的建设，不仅在于展示，更重要的是让学生建立大海洋观：一方面让学生不囿于现在所学所知，而有更大的视野，热爱海洋、关心海洋；另一方面，通过历史的、联系的方法，认识和改造世界，具备关怀海洋的人文精神，更好地诠释校训的"至真""至善"。

从筹备到建设完成，建设者们怀着振兴祖国海洋事业的情怀，从确定总体策划方案到形成文本、再到布展、对外开放，历时6个月，完成了在有关专家看来"不可能完成"的任务。整个筹建过程中，最大的敌人就是时间，最大的"麻烦"是总会临时出现各种突发问题，地面强度不够、水平程度不一、没有配电箱、图片是否涉密等等，这些问题的解决都得到了校内外各个单位和部门的支持和帮助，海洋文化馆的如期建成离不开后勤基建处和国资处假期的加班加点，设计施工单位的彻夜不眠，相关学院的数据支持和修改完善……

习近平总书记说，"一个国家、一个民族的强盛，总是以文化兴盛为支撑的，中华民族伟大复兴需要以中华文化发展繁荣为条件"。只有在不断改进和创新中发展海洋文化，增强海洋意识，夯实海洋战略的文化内涵，以文化人，以文育人，既是海洋文化自身的魅力所在，也是建设海洋文化馆的初心。

人类来自海洋，
人类也从未停止探索海洋的脚步……

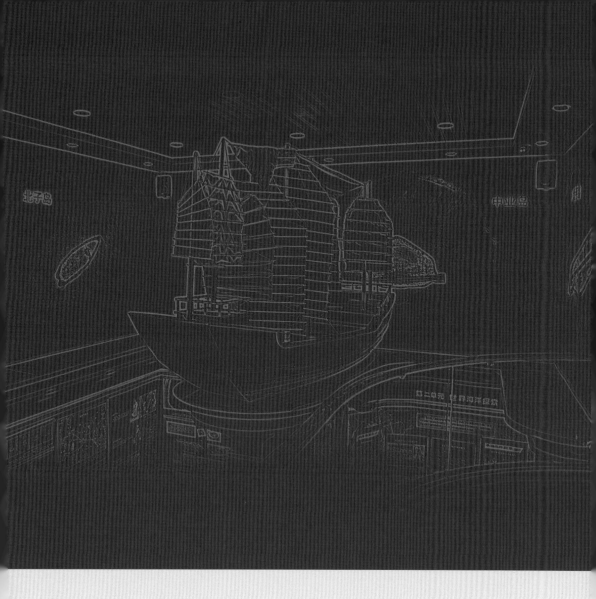

第二部分　人类与海洋

　　生命从海洋到陆地，到人类探索海洋奥秘，再到人类回归海洋，组成了一部浓缩的海洋文明进化史。人类与海洋相关联的有记录信息已有几千年之久，大量的考古实物也为早期海洋活动提供了证明，在不断的航海探险中，人类才一步步发现了地球的整体概貌。

第二部分　人类与海洋

第一单元　生命与海洋

　　随着地球上液态水的形成，原始海洋的诞生、温度的相对稳定，碳、氮、氧等元素在海洋里汇集，经过漫长的岁月，海洋中形成了有机体，也就是生命，如今仍有大部分的生命存在于海洋，许多陆生动物的祖先也来自海洋。因此，海洋被称为"生命的摇篮"。

地质时代			距今时间/亿年	化石记录
新生代	第四纪	更新世	0.02	
	新第三纪	上新世中新世	0.25	
	老第三纪	渐新世始新世古新世	0.65	
中生代	白垩纪		1.40	
	侏罗纪		1.95	
	三叠纪		2.30	
古生代	二叠纪		2.80	
	石炭纪		3.45	
	泥盆纪		3.95	
	志留纪		4.35	
	奥陶纪		5	
	寒武纪		6	
前寒武时代			20	

生物进化示意图

地球大致形成于46亿年前，最原始的生命体38亿年前在海洋中诞生，藻类大致形成于20亿年前，动物大致形成于6亿年前，而人类大致出现在200万年前。如果把地球"有生以来"作为24小时，那么地球在0时诞生，6时以后才在海水中出现最原始的细胞，21时以后海洋中出现三叶虫，22时45分开始有恐龙出现，23时20分哺乳动物出现，直到23时59分，才出现最早的猿人。

人类生命演化至今，仍保留着某些海洋胎记，最典型的就是血液，它和海水一样带有咸味，甚至连钠、钾、钙等元素含量比例都相同。胎儿在母体子宫内的孕育过程犹如人类置身于海洋，子宫就是一个"迷你小海洋"。

海水与人的血液中化学元素含量比例

单位：%

元素	氯	钠	氧	钾	钙	其他
海水	55.0	30.6	5.6	1.1	1.2	6.5
人血	49.3	30.0	9.9	1.8	0.8	8.2

【阅读链接】

海底活化石——鲎

鲎是一种古老的生物，早在3亿多年前的泥盆纪就生活在地球上，始终保持其形态，堪称海洋里的远古遗民，它与三叶虫是同一个时期的动物。在原始鱼类刚刚问世、恐龙尚未崛起之时，鲎就是距今3.95亿年~3.45亿年前泥盆纪（一说2.25亿年前的二叠纪）繁盛的海洋居民了。历经数亿年的沧桑之变，该物种依然如故，变化甚微，因此有"生物活化石"之称。

第二单元　世界海洋探索

航海从人类的梦想与好奇开始，推动了人类历史的发展。从曾经的为了贸易以及殖民扩张，到现在的为了交流合作、旅游探险，无论基于怎样的目的，人类对海洋的探索从未停止。

2.2.1　早期海洋探索

依尼罗河而居的古埃及人

发现于古埃及陶器残片上的帆船图案（从烧造年代推算，可能是人类最早的航海记录）

依尼罗河而居的古埃及人

公元前3100年，埃及大地统一，历史上第一代古埃及王朝创立。

公元前2820年，古埃及人开始乘船沿尼罗河向北进入地中海一带，抵达黎巴嫩，这次远海航行，运回来打造船舶的最好木料——雪松。之后，埃及航海业大为改观，古埃及人也成为世界上最早将工程技术应用于海洋的创始者，并把这一特长延伸到世界各地。

往返于地中海的腓尼基人

腓尼基人是历史上一个古老的民族，自称迦南人，是西部闪米特人的西北分支。生活在今天地中海东岸（相当于今天的黎巴嫩和叙利亚沿海一带），他们曾经建立过一个高度文明的古代国家。公元前10世纪至公元前8世纪是腓尼基城邦的繁荣时期。腓尼基人是古代世界最著名的航海家和商人，他们驾驶着狭长的船

在石棺中发现的腓尼基商船浮雕(公元前7世纪，腓尼基人发明了这种看似简捷的帆船，它最远能环绕非洲水域航行进行异地商贸交流。)

只踏遍地中海的每一个角落，地中海沿岸的每个港口都能见到腓尼基商人的身影。据说，“腓尼基”是古代希腊语，意思是“绛紫色的国度”，原因是腓尼基人居住的地方特产是紫红色染料。腓尼基人强迫奴隶潜入海底采取海蚌，从中提取鲜艳而牢固的颜料，然后用紫红色染成花色的布匹运销地中海各国。由于腓尼基人早已经消失在历史的烟波云海之中，有关他们的记载都出自曾经吃过腓尼基人苦头的希腊人和罗马人之手。所以，今天我们所知道的关于腓尼基人的文献很不全面。

文字是人类最伟大的发明，今天我们熟悉的26个英文字母起源于腓尼基人的22个字母。他们借用古埃及人的几个象形文字，并简化苏美尔人的若干楔形文字，为书写迅速，舍弃掉旧文字系统的好看字样，终于把数千个不同图像变为简单而书写便利的22个字母。在适当的时候，这22个字母渡过爱琴海传入希腊。希腊人又增添了几个自己的字母，并把这种经过改进的文字系统传入意大利。古罗马人稍微改动字形，又把它们教给了西欧人。这也证明西方文字起源于腓尼基人的文字，而非古埃及人的象形文字和苏美尔人的楔形文字。

早期的腓尼基文字字母

文字系统		产生年代	示例
迦南－腓尼基、希腊和拉丁字母系统	腓尼基字母	公元前 1100 年	𐤀(α) 𐤁(β) 𐤂(γ) 𐤃(δ) 𐤈(θ) 𐤉(ι)
	希腊字母	公元前 900 年	α β γ δ ε ζ η θ ι κ λ μ ν ξ ο π ρ σ τ υ φ χ ψ ω
	拉丁字母	公元前 700 年	abcdefghijklmnopqrstuvwxyz

海湾里孕育出古希腊文明

爱琴海，即使沉入宁静的时刻，依然能感受到古希腊人繁忙的景象。

特洛伊战争发生在迈锡尼文明时期，是以争夺海权为起因，以阿伽门农及阿喀琉斯为首的希腊军进攻以赫克托尔为首的特洛伊城的十年攻城战。特洛伊战争让人们记住了古希腊第一美女海伦的名字，记住了特洛伊木马，正是依靠殖民扩张和海上贸易，古希腊城邦一步步发展壮大。因此，在古希腊神话中，海神的地位尊贵无比。古希腊文明持续了约650年。

特洛伊城遗址

爱琴海

【阅读链接】

希腊海神波塞冬

波塞冬是古希腊神话中的海神，奥林匹斯十二主神之一。波塞冬的武器原型是捕鱼用的鱼叉，波塞冬愤怒时海中就会出现海怪，当他挥动三叉戟时，不但能轻易掀起滔天巨浪，更能引起风暴和海啸，使大陆沉没，天地崩裂；还能将万物打得粉碎，甚至引发大地震。当他的战车在大海上奔驰时，波浪会变得平静，且周围有海豚跟随。因此爱琴海附近的希腊海员和渔民对他极为崇拜，他的神庙多建在海角和海峡之处。

2.2.2　中期海洋探索

勇敢探索的维京人

在历史记载里最早关于维京海盗的记录是在《盎格鲁——撒克逊编年史》里。在789年一次对英国的袭击中，维京人杀死了要向他们征税的官员。第二次关于维京人的记录是在793年。以后的200年间维京人不断地侵扰欧洲各沿海国家，沿着河流向上游的内地劫掠，曾经控制俄罗斯和波罗的海沿岸，据说他们曾远达地中海和里海沿岸。其中的一支维京人船队渡过波罗的海，并远征俄罗斯，到达基辅和保加尔。有些船队远航至里海，前往巴格达和阿拉伯人做生意。而更为著名的一支维京人船队向西南挺进，在欧洲的心脏地带掀起轩然大波。他们大肆劫掠不列颠群岛，并且还对欧洲大陆进行了侵扰。

有证据显示，在哥伦布发现美洲大陆之前的500年，他们就曾到达纽芬兰并探索了部分北美地区。词语维京（Vikings）便带有掠夺、杀戮等强烈的贬义。维京人对欧洲历史尤其是英格兰和法兰西的历史进程产生过深远影响。

维京人大都是航海技术娴熟的水手，他们在大约793年至1066年的3个世纪里频繁地开展贸易往来、对外探索和殖民活动。在这段时间内，他们通过河流在内陆探索，经过了欧洲和西亚，最远到达黑海和里海，其间以穿越北大西洋的航行最为著名。

欧洲人的海上探索

地中海是欧洲文明的摇篮，也是欧洲航海文化的摇篮。欧洲人的航海知识与航海技术，主要发源于地中海地区。自古代至中世纪，人们在地中海上航行时，都是沿着海岸线进行的。经过一代又一代的积累，欧洲人的地中海航行知识日渐丰富，并且以文字的形式被记载下来。12世纪，中国四大发明之一指南针传入欧洲，被制成航海罗盘用于航海。13世纪，罗盘已普遍应用于地中海航行中。到13世纪后期，西欧出现了一种"海道指南图"，现存最早的实物，就是法国巴黎所藏的"比萨航海图"。水手们利用罗盘、"海道指南图"、沙漏等仪器，根据船只航行的方向及速度，就可以估测出船只当前所处的位置，并且推算出下一时刻的位置。这种导航方法，被称为"航位推算法"。千百年来，地中海一直是欧洲人进行航海活动的主要舞台。12世纪后期，伊比利亚半岛上出现了独立的葡萄牙王国。由于葡萄牙濒临大西洋，所以自然把航海的重点放在大西洋上。而欧洲人在地中海航行中所积累起来的航海知识与技术，则成为葡萄牙人在大西洋中进行探险的技术基础。

2.2.3 大航海时代

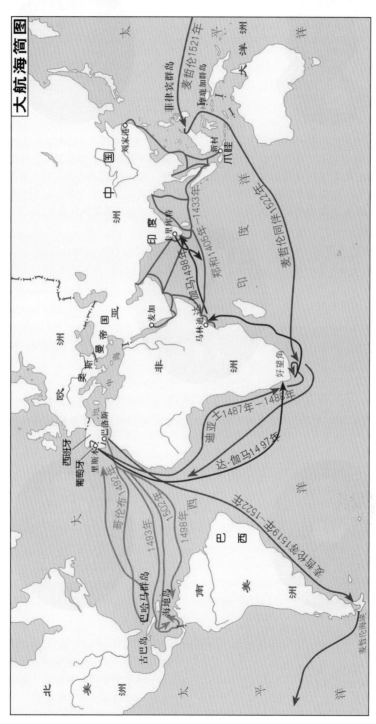

郑和、迪亚士、达·伽马、哥伦布、麦哲伦航海线路图

迪亚士（约1450—1500年），葡萄牙著名航海家，1488年春天最早探险至非洲最南端好望角的莫塞尔湾，为后来另一位葡萄牙航海探险家达·伽马开辟通往印度的新航线奠定了坚实的基础。

达·伽马（约1460—1524年），葡萄牙航海家，欧洲至印度航线的开拓者。他使仅有150万人口的小国葡萄牙一时间囊括了东大西洋、西太平洋和印度洋及其沿岸地区的贸易和殖民权利。

麦哲伦（1480—1521年），葡萄牙探险家、航海家、殖民者，为西班牙政府效力探险。1519—1521年率领船队完成环航地球，死于环球途中。他的船队后来继续向西航行，并完成了人类首次环球航行。

哥伦布（1452—1506年），意大利航海家，是首位到达美洲新大陆的西欧人，先后四次横渡大西洋，开辟了大西洋到美洲的航路。

德雷克（1540—1596年），英国航海家，于1577年和1580年进行了两次环球航行。1588年德雷克成为海军中将，曾击退西班牙无敌舰队攻击，被封为英格兰勋爵，登上海盗史上的巅峰。

【阅读链接】

哥伦布发现美洲的四次航行

克里斯托弗·哥伦布（1452年9月22日—1506年5月20日），探险家、殖民者、航海家，出生于中世纪的热那亚共和国（今意大利西北部）。

哥伦布一生从事航海活动，先后移居葡萄牙和西班牙。他相信大地球形说，认为从欧洲西航可达东方的印度和中国，并证明了大地球形说的正确性。在西班牙国王支持下，先后四次出海远航，分别在1492—1493年、1493—1496年、1498—1500年、1502—1504年，开辟了横渡大西洋到美洲的航路，先后到达巴哈马群岛、古巴、海地、多米尼加、特立尼达等岛。

第一次航行始于1492年8月3日，哥伦布率船员87人，分乘3艘船从西班牙巴罗斯港出发。10月12日他到达并命名了巴哈马群岛的圣萨尔瓦多岛。10月28日到达古巴岛，他误认为这就是亚洲大陆。随后他来到西印度群岛中的伊斯帕尼奥拉岛（今海地岛），在岛的北岸进行了考察。1493年3月15日返回西班牙。

第二次航行始于1493年9月25日，他率船17艘从西班牙加的斯港出发。目的是到他所谓的亚洲大陆印度建立永久性殖民统治。参加航海的达1 500人，其中有王室成员、技师、工匠和士兵等。1494年2月因粮食短缺等原因，大部分船只和人员返回西班牙。他率船3艘在古巴岛和伊斯帕尼奥拉岛以南水域继续进行探索"印度大陆"的航行。在这次航行中，他的船队先后到达了多米尼加岛、背风群岛的安提瓜岛和维尔京群岛，以及波多黎各岛。1496年6月11日回到西班牙。

第三次航行是自1498年5月30日开始的。他率船6艘、船员约200人，由西班牙塞维利亚出发。航行目的是证实在前两次航行中发现的诸岛之南有一块大陆（即南美洲大陆）的传说。7月31日船队到达南美洲北部的特立尼达岛以及委内瑞拉的帕里亚湾。这是欧洲人首次发现南美洲。

第四次航行始于1502年5月11日，他率船4艘、船员150人，从加的斯港出发。哥伦布第三次航行的发现已经震惊了葡萄牙和西班牙，许多人认为他所到达的地方并非亚洲，而是一个欧洲人未曾到过的"新世界"。于是斐迪南国王和伊莎贝拉王后命令哥伦布再次出航寻找新大陆中间通向太平洋的水上通道。他到达伊斯帕尼奥拉岛后，穿过古巴岛和牙买加岛之间的海域驶向加勒比海西部，然后由南折向东沿洪都拉斯、尼加拉瓜、哥斯达黎加和巴拿马海岸航行了约1 500千米，寻找两大洋之间的通道。他从印第安人处得知，他正沿着一条隔开两大洋的地峡行驶。由于1艘船在同印第安人冲突中被毁，另3艘船也先后损坏，哥伦布于1503年6月在牙买加弃船登岸，1504年11月7日返回西班牙。

2.2.4 两极探险

富兰克林

阿蒙森驾驭着狗拉雪橇向南极点进发

富兰克林（1786—1847年），英国船长及北极探险家，于1818年首次进入北极地区，热衷于寻找西北航道。1845年5月，他与127人乘"幽冥号"及"惊恐号"出发，从此一去不回。

阿蒙森（1872—1928年），挪威极地探险家，最初是北极探险家，后将目标转为南极，于1911年12月14日到达南极点。

斯科特（前排左三）率探险队在南极留影

斯科特（1868—1912年），英国军官，被皇家地理学会任命为南极探险队队长。

第三单元 中国海洋探索

"以舟为车，以辑为马"，中华民族从未停止对海洋的探索，考古资料佐证，我国北方黄海沿岸的航线，大约在距今五六千年前即已延伸到异域他乡。宋元时代海外贸易发展进入全新时期，东、西方已经被一条繁荣的海上通道紧密联系在一起。中华民族在长期的海洋探索中，创造了灿烂的海洋文明。

▶▶▶▶▶ 2.3.1 中国古代海洋探索 ◀◀◀◀

秦始皇巡海

公元前219年，为达到"宇县之中，承顺圣意"，秦始皇将3万户居民，从中原腹地迁徙到山东琅琊（今山东省胶南境内），并大兴土木，修筑琅琊台，以观海望日，并在此遣徐福携童男童女入海东渡求仙。

秦始皇
（公元前259—公元前210年）

徐福东渡

徐福（公元前3世纪-？）

徐福，秦朝著名方士，司马迁《史记·秦始皇本纪》中记载了秦始皇派遣徐福入海求仙的故事，但没有记载徐福的生卒年月以及其浮海到了何处。后人有的认为他到了台湾或琉球，也有的认为他到了美洲，但大多数人认为他到了日本。

秦始皇派遣徐福入海求仙雕塑

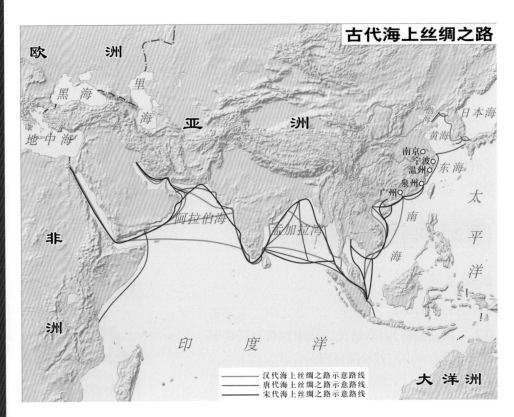

古代海上丝绸之路示意图

古代海上丝绸之路起于秦汉，兴于隋唐，盛于宋元，明初达到顶峰，明中叶因海禁而衰落，是世界上已知的首条中西贸易线。中国境内海上丝绸之路主要由广州、泉州、宁波三个主港和其他支线港组成。

中国的磁性指南工具发明于战国时期，称为"司南"。大约到南宋中后期，逐步研制成了磁石指南针。发明指南针并用于航海，是中国航海技术发展的突出标志。指南针通过"海上丝绸之路"传到西方，推动了世界航海业的发展。

司南

宋朝水罗盘

【阅读链接】

古代海上丝绸之路的由来

海上丝绸之路，是古代中国与外国交通贸易和文化交流的海上通道，也称"海上陶瓷之路"和"海上香料之路"，1913年由法国的东方学家沙畹首次提及。海上丝绸之路萌芽于商周，发展于春秋战国，形成于秦汉，兴于唐宋，转变于明清，是已知最为古老的海上航线。中国海上丝绸之路分为东海航线和南海航线两条线路，其中主要以南海为中心。

南海航线，又称南海丝绸之路，起点主要是广州和泉州。先秦时期，岭南先民在南海乃至南太平洋沿岸及其岛屿开辟了以陶瓷为纽带的交易圈。唐代的"广州通海夷道"，是中国海上丝绸之路的最早叫法，是当时世界上最长的远洋航线。明朝时郑和下西洋更标志着海上丝绸之路发展到了极盛时期。南海丝绸之路从中国经中南半岛和南海诸国，穿过印度洋进入红海，抵达东非和欧洲，途经100多个国家和地区，成为中国与外国贸易往来和文化交流的海上大通道，并推动了沿线各国的共同发展。

东海航线，也叫"东方海上丝绸之路"。春秋战国时期，齐国在胶东半岛开辟了"循海岸水行"直通辽东半岛、朝鲜半岛、日本列岛直至东南亚的黄金通道。唐代，山东半岛和江浙沿海的中韩日海上贸易逐渐兴起。宋代，宁波成为中韩日海上贸易的主要港口。

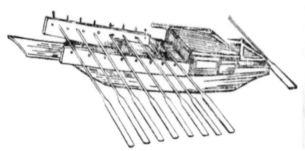

广州汉墓出土的陶制船模

汉朝楼船复原船模

长沙汉墓出土的汉代船模

隋朝的大龙舟复原船模

楼船是汉朝有名的船型，以楼船为主力的水师已经十分强大，它的建造和发展也是造船技术高超的标志。

隋朝大龙舟的连接方法是采用榫接结合铁钉钉连。用铁钉比用木钉、竹钉连接要坚固牢靠。

鉴真（688—763年）

鉴真在日本讲授佛法浮雕

鉴真东渡

唐代高僧鉴真不畏艰险，曾六次前往东瀛。到日本后，他讲授佛学理论，传播博大精深的中国文化，促进了日本佛学、医学、建筑和雕塑水平的提高，受到中日人民和佛学界的尊敬。

汪大渊两下西洋

汪大渊，元代民间航海家，曾于至顺元年（1330年）及元统五年（1337年）两度由泉州出发，航海到西洋各国。他著有《岛夷志略》，记述了其途经海外诸国的见闻，是研究古代亚非等地区历史地理的重要著作。

汪大渊（1311 - ? ）

元代海上漕运

《清明上河图》中的漕运船

漕运是古代国家从水道运输军需给养物资的方式。元代的航海业已相当发达，漕运船队的规模十分庞大。

13世纪70年代，忽必烈称帝建立元朝，当时北方因为经过长达500年的战争，社会经济破坏严重，为了稳固初建的元朝政局，需要从南方江浙一带调运大批粮食，因漕粮通过运河北上时，受河道淤塞和多次转运装卸的影响，内河运送粮食极不稳定，对新建都的元朝稳固十分不利。元世祖忽必烈采纳朱清和张瑄的建议，通过海上运粮，经不断调整海上运送线路，开辟便捷的海道运粮航线，稳定了当时的经济和政治大局。

郑和下西洋

1405年7月11日，郑和和他的庞大船队开始七下西洋，足迹最远到达非洲东海岸，是世界上第一个洲际航海家。英国李约瑟博士在全面分析了这一时期的世界历史后，认为"明代海军在历史上可能比任何亚洲国家都出色，甚至同时代的任何欧洲国家，以致所有欧洲国家联合起来，都无法与明代海军匹敌"。

《天妃经》卷首图

《天妃经》，刻于明永乐十八年（1420年），描绘了郑和船队启航时的情形。

《郑和航海图》原名为《自宝船厂开船从龙江关出水直抵外国诸番图》，制作于郑和第六次下西洋之后，共20页航海地图，109条针路航线和四幅过洋牵星图。它是我国地理学史的一大创作，更是一部指导航海用的地图。

   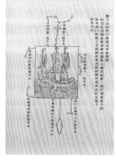

《郑和航海图》中的过洋牵星图

《郑和航海图》中附有四幅《过洋牵星图》，虽说只有四幅图，但足以看出郑和船队在远洋航行中如何解决正确判断船舶位置与方向、准确确定航线等一系列重大技术问题，从而为后世留下中国最早、最具体、最完备的关于牵星术的记载。它们不仅可让我们重新目睹航海者站在甲板上观察到的天象，而且透露了许多航行的秘密。

当时，中国人已在北极星与其他星辰间建立起联系。中国人用牵星板来测量星体高度，进而确定船的位置，这种技术至少比欧洲领先2到3个世纪。

郑和宝船复原船模

福建泉州出土的宋代船只残骸

【阅读链接】

郑和宝船多大?

郑和宝船是郑和船队中最大的海船，是郑和船队中的主体，也是郑和率领的海上特混舰队的旗舰，它在郑和船队中的地位相当于现代海军中的旗舰、主力舰。

据《明史·郑和传》以及《瀛涯胜览》（马欢著）记载，郑和宝船共62艘，最大的长148米，宽60米，是当时世界上最大的木帆船。船有四层，船上九桅可挂12张帆，锚重几千斤，要动用二三百人才能启航。有关郑和宝船尺寸，在《明史·郑和传》中记载得很明白："造大舶，修四十四丈，广十八丈者六十二"。在明代人编写的《国榷》中称"宝船六十二艘，大者长四十四丈，阔一十八丈"。在明末罗懋登所著《三宝太监西洋记通俗演义》中详细地记载了郑和船队中各种船型的尺寸，其中，记载了宝船"长四十四丈，阔一十八丈。"

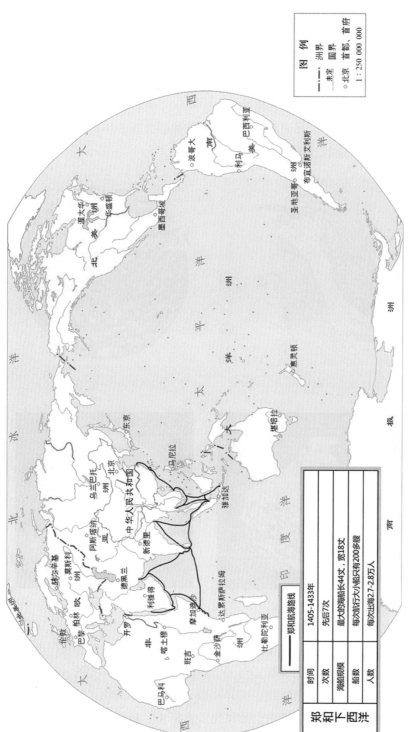

图　例	
———	洲界
-----	未定 国界
○北京	首都、首府
	1：250 000 000

郑和下西洋的航向

郑和下西洋	时间	1405-1433年
	次数	先后7次
	海船规模	最大的海船长44丈，宽18丈
	船数	每次航行大小船只有200多艘
	人数	每次出海2.7-2.85万人

—— 郑和航海路线

2.3.2 中国海洋文化

远古神话

庄子的《应帝王》中记载：执掌南海的海神叫"倏"，执掌北海的海神叫"忽"，中央陆地的帝王叫"混沌"。

《庄子》和《楚辞》都记载了"海若"的神话，庄子在《秋水》中借河伯与海若对话，表达了他的哲学思想。

最古老的中国海神——倏与忽

北海之神——海若

黄帝后裔——禺疆

中国龙

海神"禺疆"的记载可见于《山海经》《庄子》和《楚辞》等经典著作中。他是一位北海海神。远古的神都是与天上地下的自然现象有关的，如日月星辰、风雨雷电、江河湖海、土地作物、灾异祥瑞。还有某些动物、植物以及无生物、祖先和英雄人物等，都可以把它们形象化、人格化，最后神化。由于当时的政治文化很不统一，所以崇拜的神大都带有地方性、区域性。

海洋文明遗址

河姆渡遗址

河姆渡遗址位于浙江东部杭州湾南岸的余姚市，是新石器时代的原始村落遗址，总面积约4万平方米，叠压着四个文化层，其中第四文化层距今约约7 000年，被学术界公认为是中国最重要的考古发现之一，命名"河姆渡文化"。

在河姆渡遗址中挖掘出了船桨、陶灶、石碇等器物，以及大量河口与海洋生物骨骸等珍贵的文物，都充分展现了河姆渡文化中独具特色的海洋文化因素。

贝丘是由贝壳堆成的小"山丘"，贝丘遗迹是原始海洋渔猎活动成果的见证。

贝丘

船棺

古越人居住在中国东南方沿海诸地，这里江河纵横，东海、南海等沿陆近海是他们的涉足与生息之地。新石器时代古越人就开始制造舟筏。船棺虽系葬具，但其与原始舟船大体相似。

贝币是中国最早的钱币，原始贝币产生于距今3 000年的商代，是一种由天然海贝加工而成的贝类货币，是钱币的始祖。贝币的计量单位是"朋"。贝币从类别上分桃贝、骨贝、石贝、铜贝等，最常用的仍是天然海贝。在云南一带，贝币一直用到清初。

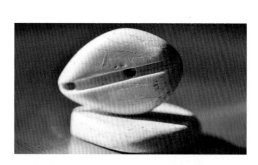

贝币

海塘、长城、大运河被并称为中国古代三大工程。海塘工程在抵抗中国沿海地带常发生的台风、风暴潮等自然灾害中发挥的作用难以估量。

海南洋浦千年古盐田是我国较早的日晒制盐点之一，距今已1 200多年，也是我国最后一个保留原始日晒制盐方式的古盐场。

钱塘江明清古海塘

海盐晒场

海洋民俗文化

中国海洋民俗有着悠久的历史。它顺应中华民族的社会生活需要而产生，在海洋独特的自然和文化环境中发展、演变和积淀。

妈祖是以中国东南沿海为中心，包括东亚等地区信仰的海神，是历代船工、海员、旅客、商人和渔民共同信奉的神祇。妈祖信仰从产生至今，经历了1 000多年。2009年10月，妈祖信仰入选联合国教科文组织人类非物质文化遗产代表作名录。

莆田是对外移民的原乡。在潮汕民居门楼额匾上仍可见到"莆田旧家""莆阳世系"等莆田印记。海南可

妈祖文化

妈祖，以中国东南沿海为中心的海神信仰，又称天上圣母、天后、天后娘娘、天妃、天妃娘娘、湄洲娘妈等。这一信仰的主体据说是由真人真事演变而来的。考察妈祖的生平得知，这一信仰来自民间传说。首先是传说，然后是传说的历史化和神化，最后形成普遍的妈祖信仰。

有学者研究指出，妈祖是从中国闽越地区的亚觋信仰演化而来，在发展过程中吸收了其他民间信仰。随着影响力的扩大，又纳入儒家、佛教和道教的因素，最后逐渐从诸多海神中脱颖而出，成为闽台海洋文化及东亚海洋文化的重要元素。

自北宋开始神格化，被称为妈祖（当地人对女性祖先的尊称），并受人建庙膜拜，复经宋高宗封为灵惠夫人，成为朝廷承认的神祇。妈祖信仰自福建传播到我国

【阅读链接】

浙江、广东、台湾等地以及日本、东南亚（如泰国、马来西亚、新加坡、越南）等国。在天津、上海、南京、山东、辽宁沿海均有天后宫或妈祖庙分布。

随着妈祖信仰的扩散，产生了妈祖信仰与多种宗教混合的现象。

在东南亚，人们往往将妈祖与观音菩萨一起供奉，很多佛教徒相信，妈祖就是观音的化身，甚至妈祖本身就是一位佛教女神。

在泰国，妈祖信仰与当地印度教的大自在天信仰融合。陈棠花撰《泰文典籍妈祖神话》，记载了妈祖与大自在天救助华人的故事。

妈祖作为一个古代汉族民间的神祇，为何被这么多人认可、赞扬和崇敬呢？一个重要原因就是，妈祖身上聚集了中华民族的传统美德和崇高的精神境界。妈祖原型为一个汉族民间的渔家女，她善良正直、见义勇为、扶贫济困、解救危难、造福民众、保护中外商船平安航行，凡此种种都是功德无量的事情，所以妈祖才会深受海内外众多百姓的尊敬和膜拜。

妈祖

考的入琼始祖有90多个，来自莆田的数量最多。而莆田崇尚美德、坚守家乡传统的文化氛围，熏陶影响了这些迁移者，加上浓重的恋乡情结，来自家乡的妈祖崇拜自然而然就随着这些迁移者来到了全国、海外各地。

宋元时期，泉州是世界最大贸易港之一，元政府为了发展海上贸易，将妈祖引进至海外交通贸易繁盛的泉州港，成为泉州海神。

明清海禁，福建大批民众为了生计过台湾海峡下南洋，妈祖信仰也随着商人和移民的足迹传播海外。

生活在船上的蛋民

疍民也称为连家船民，生活于中国福建闽江中下游及福州沿海一带水上，传统上他们终生漂泊于水上，以船为家，以闽东语福州话为母语，但又有别于当地的福州族群，有许多独特的习俗，是个相对独立的族群。

海草房

海草房是世界上最具有代表性的生态民居之一。它主要分布在我国胶东半岛的威海、烟台、青岛等沿海地带，特别是荣成地区更为集中。据考证，海草房从秦、汉至宋、金逐步形成并在胶东半岛广为流传，到了元、明、清则进入繁荣时期。

惠安女

惠安女是指福建泉州惠安县惠东半岛海边的汉族妇女，她们以奇特的服饰、勤劳的精神闻名海内外，有着极高的社会美誉。

古代海洋文学典籍

《山海经》是中国志怪古籍，大体是战国中后期到汉代初中期的楚国或巴蜀人所作。《山海经》内容主要是民间传说中的地理知识，记载了包括夸父逐日、女娲补天、精卫填海、大禹治水等不少脍炙人口的远古神话传说和寓言故事。

《山海经》

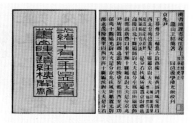

《汉书·地理志》是东汉著名史学家班固创作的古代历史地理杰作，作者主张历史的时空不可分，写历史必记及地理，此书拓展了史学研究范围。

《汉书·地理志》

《大德南海志》

《大德南海志》原名《南海志》，系元朝陈大震、吕桂孙所撰，是目前可见的广州（含当时所领七县）旧志的最早刻本。该书涉及元代广州地区赋税、物产、教育及海上贸易等诸多领域，极具史学价值，是了解宋元时期珠江三角洲的重要文献。

《西洋番国志》是记载郑和下西洋的最早文献之一，明朝巩珍著。该书记述了明宣德八年（1433年）郑和第七次下西洋的经过，成书于明宣德九年（1434年）。

《西洋番国志》

《瀛涯胜览》是明朝马欢著，成书于景泰二年（1451年）。马欢随郑和三次下西洋，将亲身经历的二十国的航路、海潮、地理、交易等状况记录下来，从永乐十四年（1416年）开始著书，经过35年修改和整理，在景泰二年定稿。

《瀛涯胜览》

《林则徐全集》

林则徐（1785－1850年），清朝后期政治家、思想家和诗人，是中华民族抵御外辱过程中的伟大的民族英雄。《林则徐全集》包括奏折、公牍、文钞、诗词、信札及林则徐主持翻译的《四洲志》等译作。

魏源(1794—1857年)和他的《海国图志》

《海国图志·火轮船说》

魏源受林则徐嘱托，以其《四洲志》为基础编著了《海国图志》，初为五十卷，后增补刊刻为六十卷，随后，又辑录徐继畬所成的《瀛环志略》及其他资料，补成一百卷，于1852年刊行于世。书中提出"师夷之长技以制夷"的中心思想，是一部具有划时代意义的巨著。

孙中山是一位杰出的海洋思想家和中国近代海权运动的先驱，他在批判地吸收晚清海权意识和近代西方海权理论的基础上，形成了包括海本思想、海权思想、海防思想和海洋实业思想在内的独特而较为完整的海洋思想体系。

孙中山（1866—1925年）

《战后太平洋问题》

1919年，孙中山为《战后太平洋问题》一书作序，他提出"何谓太平洋问题？即世界之海权问题也。海权之竞争，自地中海而移入大西洋，今则由大西洋移于太平洋矣！"

【阅读链接】

孙中山的海洋强国论

　　孙中山是近代以来第一位系统提出中国海洋强国思想的伟人。他认为，"国力之盛衰强弱，常在海而不在陆，其海上权力优胜者，其国力常占优胜"。对于海权的恢复和维护，孙中山提出了一种战略性的构想，即对内收回海关主权，对外争夺太平洋海权，重视陆海统筹。他认为，"太平洋问题则实关乎我中华民族之生存，中华国家之命运者也。盖太平洋之重心，即中国也；争太平洋之海权，即争中国之门户权耳"。他还提出了"陆海统筹"的建议，强调中国的发展要"海权与陆权并重，不偏于海，亦不偏于陆，而以大陆雄伟之精神，与海国超迈之意识，左右逢源，相得益彰"。在孙中山的海权思想中，并不是单纯重视海军的建设，而是同时重视海洋的商业与贸易意义，他认为，港口"为国际发展实业计划之策源地""为世界贸易之通路"，是"中国与世界交通运输之关键"。毫无疑问，孙中山的海洋强国思想即使在现在看来依然具有很大的现实意义。

八千年海洋的述说

曲金良

在数千年中国连接东亚乃至西方世界的"海上丝绸之路"上，大大小小的历史性港口、航道、海湾和岛屿，通过沿海地带连通内陆。无论陆上还是水下，都留下了大量的海洋文化遗产。它们是中国海洋文化历史的见证，联结了中国和世界海洋文化的历史与今天，也是通向中国和世界海洋文明未来的基石。

你或许不知道的海洋文化史

据《史记 ·秦始皇本纪》记载，秦始皇二十八年(公元前219年)，齐人徐福等上书，言海中有三神山，名曰蓬莱、方丈、瀛洲，仙人居之。请得斋戒，与童男女求之，于是遣徐福发童男女数千人，入海求仙人。秦始皇三十七年(公元前210年)，徐福再次求见秦始皇。因为九年前第一次入海求仙药，花费了巨额钱财未果，徐福谎称由于大鱼阻拦所以未能成功，于是请求配备强弩射手再次出海。秦始皇相信了徐福的谎言，派徐福第二次出海。徐福率童男童女三千人和百工，携带五谷种子，乘船泛海东渡，成为迄今有史记载的东渡第一人。其时，秦朝的海洋发展已进入了强盛时期。秦朝历史虽短，却实现了对渤海、东海、南海疆域的直辖，秦始皇、秦二世都多次巡视海疆，移民实边，奠定了东亚中国文化圈的基础。

而事实上，中国的海洋文化经历了已知8 000年乃至更长时间的历史发展。原始社会时期，即夏朝作为国家体制建立之前，是中国海洋文化历史的初步发展时期。这一时期的海洋文化历史跨度最长，大体从文明初现历经新石器时期到夏商王朝时期。中国沿海大量的贝丘遗址、原始海洋群落遗址、航海船具等海洋文化遗址、遗迹、遗物的发现，如河姆渡考古遗址、海岱考古遗址等，以及大量海产文物的发现，如贝币、贝饰等，都证明了这一时期的海洋文化和区域海洋文明具有相当高的水平。

夏商周封建社会时期是中国海洋文化历史的崛起发展时期。华夏文明有了统一的国家政权，国家体制主体上实行分封制。沿海各诸侯国家，诸如燕、齐、吴、越等大兴"渔盐之利、舟楫之便"，都制定和实施了"官山海"等较为完善的区域海洋发展政策。"海王之国"崛起，海外交通频繁，诸侯游乐海洋，方士航海求仙，海洋思想发达，海洋物产丰富，海洋生活多样，都显示出中国沿海区域较高程度的海洋文明。《诗经》有载"相土烈烈，海外有截"，说明了那个时期的海外交通、海外贸易和对海外的政府经营状况。美洲的大批文化遗产也证明了，商朝、周朝交替之际有一大批商人移民海外，甚至在美洲发展形成了奥尔梅克文明。

至汉代，汉武帝等则更在海洋发展上投注兴趣。汉代开辟的海外交通与东西方海上丝绸之路，已经沟通了中国与非洲、欧洲的联系。汉武帝之时形成的海上丝绸之路，从中国出发向西航行的南海航线，是海上丝绸之路的主线。《汉书·地理志》记载了汉武帝派遣的使者和应募的商人出海贸易的航程：自日南（今越南中部）或徐闻（今属广东）、合浦（今属广西）乘船出海，顺中南半岛东岸南行，经五个月抵达湄公河三角洲的都元（今越南南部的迪石）。复沿中南半岛的西岸北行，经四个月抵达湄南河口的邑卢（今泰国佛统）。自此南下沿马来半岛东岸，经二十余日驶抵湛离（今泰国巴蜀），在此弃船登岸，横越地峡，步行十余日，抵达夫首都卢（今缅甸丹那沙林）。再登船向西航行于印度洋，经两个多月到达黄支国（今印度东南海岸康契普腊姆）。与此同时，还有一条由中国出发向东到达朝鲜半岛和日本列岛的东海航线，其在海上丝绸之路中占次要地位。

隋唐时期是中国海洋文化历史的高度发展时期。海上交通包括造船、航海、贸易的高度发展，与海外世界政治、经济、文化一体化体制的建立，海外侨民不断增多，其文化和用品在隋唐社会中流行，都是海洋文化高度发达的结晶。通过海路联结的汉文化圈，也因此发展到了高峰。唐朝社会的对外开放程度、商业经济水平和中外文化的相互交流、吸收和融合，成为世界文化史上的一大景观。

唐代时的扬州已成为中外商贾荟萃之所。长安二年（702年）日本第七次遣唐使渡海抵达扬州、苏州、明州。扬州是日本和朝鲜半岛来华登陆地点之一，又是波斯、大食商贾往内地贸易的基地，印度、埃及、罗马人也留下他们的足迹，扬州出土的唐代文物中就有不少波斯陶俑。乾元三年（760年），平卢兵马使田神功讨伐三道节度使刘展时，"神功兵至扬州，大掠居人，发冢墓，大食波斯贾胡死者数千人"。又见诸唐文宗大和八年（834年）上谕："南海蕃舶，本为募化而来，固在接以仁恩，使其感悦。任其来往通流，自为交易。"这都可见长期居留扬州的外商蕃客之多。

唐代赴日本的商人、使节、僧人中最著名的是鉴真大师，扬州江阳县人，在故乡主持龙兴寺、大明寺等，门人四万余。应日本学问僧荣睿、普照所请，大师决意东渡日本传法。从天宝二年起（743年）多次发自扬州、苏州等地，历尽艰辛，双目失明，而初衷不改，至天宝十二年(753年)率一批门徒和工匠第六次东渡方告成功，登筑志(今福冈县东南)，至平成京(今奈良)，受朝野及僧众欢迎。为天皇、皇后、太子等受戒，建唐招提寺，成为日本律宗创始人。

宋元明清时期更是中国海洋文化全面发展繁荣的900年。这四个朝代在海洋发展上各有千秋。宋代的远距离航海、海外贸易、商品物质文化的发达、城市的繁华都是有名的。在唐代管理港口贸易的市舶使基础上发展起来的宋、元、明港口市舶司管理制度，作为国家贸易保护主义的一种制度创造，既适度满足了中国对海外市场和海外商品的需要，也适度满足了海外藩属地区及其他地区对中国市场和中国商品的需求；在国家获得相当数额海外贸易税收的同时，又限制了作为世界上最强盛大国的物产过度流出，因而成为历代政府沿袭的一项传统制度文化。

在宋代，关于航海和海外世界的著述大量出现，记录了中国人的海上与海外经历与见闻，增强了中国人关于海洋、世界的视野与认识。随着中国大量航海贸易发展、航海人精神上的需求，妈祖（天后）信仰从宋代开始跃升为国家海洋神灵信仰，受到历代朝廷的敕封和祭祀，历代夫人庙、天妃宫、天后宫等不但遍及中国沿海，而且深入内陆，并高密度传播到海外华人世界之中。

元代的海外贸易与东亚、西亚、非洲乃至欧洲的贸易连接在一起，中国沿海港口和城市繁荣，泉州（刺桐）被西方人称为世界上最大的港口。尤其是元代的南北大海运和世界上第一个通海运河——胶莱运河的开凿和运营，都展示了元代海洋发展的巨大成就。元代出现了比宋代更多的航海和海外世界的著述，有关国内海洋工程和海运工程的著述也大量出现。

至于明代，最著名的是郑和率领二三百艘大船、二三万人浩浩荡荡在近30年间七下西洋的举世创举。以此为代表，更多的下南洋、下西洋的"无名"船队，不胜枚举。郑和之后明朝官方的大规模对外航海虽然不多，但是中国政府对海外藩属地区政权的册封、海外藩属地区政权对中央政府的朝贡，与中央政府管理下的海上朝贡贸易和民间贸易一起，共同编织和发展着环中国海上的政治、经济、文化通道与网络。中国史学界一些人对宋、元、明、清尤其明清时期的海洋发展评价过低，不仅是针对明清时期出现的海禁海防措施，即便对郑和下西洋这样的航海壮举也不以为是，以西方人的殖民、霸权、贸易观念立论，是十分错误和有害的。明清时期的多次禁海并非明清政府的本愿，而是出于海疆海防形势需要，是打击海盗倭寇的必然选择，并非明清社会制度的产物。

超乎想象的海洋文化遗产

长久以来，在中国长达18 000千米的大陆海岸线近海水域和传统的中外交通水道海域，各种船舶穿梭不断。数千年中，由于各种原因沉没在近海、远海中的古船难计其数。它们负载着难以估量的历史文化信息。这些遗产蕴藏量巨大，分布范围广泛，都有待于考察发现、研究、考古打捞，或进行恰当的就地保护。

据中国水下考古中心的一项报告，仅在中国南海海域的沉船就不少于2 000艘。尤其是广东沿海，被称为水下考古的"黄金海域"，初步探测有沉船1 000多艘，重要文物无数。近年来"南海一号"宋代古船水下打捞工作已基本完成，古船整体已经出水。这是迄今为止世界上发现的海上沉船中年代最早、船体最大、保存最完整的中国远洋贸易商船，船舱内保存有数以万计的瓷器、铁器、生活用具及金银首饰等文物，被人称为"海上敦煌"。仅就"海上丝绸之路"的遗产而言，继泉州、蓬莱、长岛、河姆渡等古港遗址相继发现古船之后，福建、广东、山东等地沿海又不断通过海洋水下考古获得大量的重要发现，再现着"海上丝绸之路"的历史辉煌。

我国的海岸线蜿蜒漫长，无论是海岸文化遗产，还是海岸自然遗产，都非常丰富，包括港口遗址、遗物，港口区域等在内的古港；海滨海岸早期人类活动遗迹、遗物；各种涉海历史人物足迹，历史事件遗址、遗物；海滨海岸各地的渔埠、盐场等人类生产生活空间遗产。而沿海各地巧夺天工、各色纷呈、数量极大、价值连城、令人叹为观止的山海文化景观，吸引了历史上无数文人墨客鉴赏吟咏，更可称之为海洋文化与自然的双遗产。

中国有6 000多个岛屿，除了台湾岛、海南岛等较大岛屿海陆特性兼具之外，中小岛屿多以群岛、列岛分布，世世代代海岛人从事渔业、盐业、海运业等传统的海洋生产、生活。凡是较大些的岛屿，几乎处处是港口、渔埠码头，处处是渔船、货船、商船进出的海湾水道，处处是船工号子、拉网小调。但是，这些海洋文化遗产在今天却往往被人们忽视，在现代化进程中被人们铲平，从历史中抹去。中国近几十年来，大多岛屿被城市（镇）化、工业化、连陆化，越来越多的海岛人失业、转产、上岸了。如舟山群岛中有一个虾峙岛，其中有一个渔村户籍人口998人，而目前的实际居住人口不到200人，弃之而去者竟达到了80%。海岛文化景观已然快速地成为海洋文化"遗产"。

中国众多的海洋历史水域，也是海洋文化遗产不可忽视的重要组成部分。

无论是沿线岛屿海岸留下的大量文物遗产，还是历代往来人士留下的大量诗文典籍，以及遗落水下至今尚未打捞的不少水下遗产，都是海洋文化遗产中的宝贵财富。至于中国大量的分布广泛的历史渔场，如渤海湾渔场、舟山渔场、嵊泗渔场、北部湾渔场等，都是世世代代渔民赖之以生存的作业区域，这些渔场及历代渔民获得的丰富宝贵的关于这些渔场的大量"知识产权"，也都应该得到重视和保护。

我国历史上历代官员、文人的海洋文艺创造、海洋宗教传承、海洋文献保存等海洋精神遗产数量极大，也不容忽视。沿海各地至今依然在民间传承着各具特色的海洋民俗文化活动等，也都是留存后世的宝贵文化遗产。

原文刊载于《中国报道》。

作者简介：曲金良，中国海洋大学文学与新闻传播学院教授、博士生导师，海洋文化研究所所长，中韩海洋文化研究中心主任，国家文化产业研究中心、海洋发展研究院（教育部基地、国家985基地）学科负责人，山东大学合作博士生导师。主要研究领域为民俗文化学、海洋文化学。

蓝色的梦幻　　时空的穿越

哈尔滨腾景文化发展有限公司　杨　晨

众所周知，我们的地球是一颗蓝色的星球，海洋面积约占地球表面积的71%，但对于身处内陆的哈尔滨人来说，海洋似乎是一个神秘而又遥远的存在。无论是对哈尔滨工程大学这所以船海为特色的大学，还是对哈尔滨这座海洋资源贫瘠的城市来说，建设一座宣扬海洋文化魅力的场所都显得尤为重要，这也是建设海洋文化馆最大的意义所在。

哈尔滨工程大学海洋文化馆正是以璀璨的海洋历史文化为背景，以丰富的陈展形式为载体，将海洋文化的博大精深用引人入胜的方式展现给了观众。作为这个馆的设计者，我感到由衷的幸运。

海洋文化馆设计之初，便以"海纳百川"的精神特征为基础，展现海洋的博大与包容。没有金碧辉煌的装饰，没有奢华高调的配置，文化馆的设计甚至可以说非常朴素。灯塔是仅有的几处景观之一，红白相间的简单配色，低调不失气势恢宏。它的对面是一幅立体雕刻的中国万里海疆地图，位置设在了楼梯一侧的墙面上，使每一个登上旋转楼梯的人都可以将祖国的万里海疆尽收眼底，铭记于胸。我们每一个人，对于海洋文化馆所要表达的思想理解有所不同，但在我看来，灯塔、海疆图以及它们所在的海洋权益部分就是这个馆的灵魂。我们了解海洋、亲近海洋、建设海洋，我们热爱海洋、保护海洋、经略海洋，这些都需要从心底里真正迸发出情感，才能支撑起海洋强国的辉煌梦想。这一部分从海权论开始，经世界海洋强国兴衰、国际海洋法的建立、中国周边海洋权益，到三沙市建市结束，在世界海洋新秩序的发展中，将中国的海洋权益放大到了世界的格局，从而让参观者感知到海权对世界历史进程的推进作用，更加坚定我们维护海洋权益的信心。巧合的是，海洋权益这个部分独立处于展馆的二层，又连接了自然海洋、人文海洋与建设海洋强国部分，从布置上也体现了这部分的承接性。

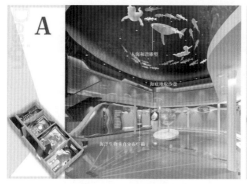

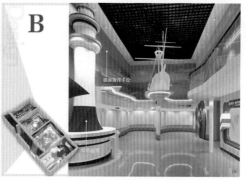

　　整个文化馆最文艺的部分是自然海洋展厅，展厅上空绘制了蔚蓝的海洋，也悬挂了很多的"鱼"，令人印象深刻。从设计思想上来讲，每一位参观者走进这个展厅，都仿若置身于大海之中，人与海的互相包容表达了人海和谐的理念；在人文海洋展厅的上方，一艘仿制的郑和宝船仿佛带我们穿越到了强盛的明朝，追随郑和历经西洋之旅，进而勾起了我们对世界大航海时代的浓烈兴趣……

　　最后，我想介绍一下展墙所用的主要材质——金属板。经过了很多材料的整体分析与效果设想，我们最终选择了这种在展馆的应用中并不多见的材料。但金属版清冷的质感，配上波浪的造型与海洋的蓝色，我认为是对海洋馆氛围的最好衬托。

　　自海洋文化馆开馆以来，每天都会迎来大量的参观者，也常常能听到许多的褒奖，作为场馆的设计者，我发自内心地感到自豪和骄傲。海洋文化馆就像我自己的孩子一样，抚育他成长的过程中经历的酸甜苦辣在那一刻都成了荣耀与欣慰。

马汉的海权论至今仍是美国海洋强国的理论基础，
世界海洋强国的兴衰史充满了血腥、掠夺与霸权，
人类不得不尽快建立新的世界海洋秩序。

第三部分　海洋权益

在汹涌澎湃的历史浪涛中，海洋的世界上演了强国兴衰交替的悲壮剧曲，从欧洲列强瓜分海洋到美国问鼎世界霸主，"海权"这只上帝之手在无形中推动着历史的进程，随着国际秩序更替，世界海洋在法律的约束下正走向有序，"海洋权益"也在不同的时期体现着不同的含义。

第一单元　海权论与大国崛起

15世纪以来，当欧洲的航海探险家用开辟的新航线把地球连成一个完整的世界时，海洋已注定成为孕育世界大国的摇篮。在追求财富雄心的鼓荡下，满载贸易货物和火炮利器的帆船正扬帆起航，开启了以殖民占领、贸易掠夺为基调的近代海洋强国兴衰之旅，并深刻影响了世界历史进程……

3.1.1　海权论

马汉的"海权论"认为，谁控制了海洋，谁就控制了世界，而要夺取制海权就必须建立强大的海军，就要建造装备大口径火炮的重型战舰。在"海权论"的影响下，西方列强围绕制海权的角力逐渐白热化，马汉被称为"美国生活中最伟大、最有影响人物之一"。

马汉认为制海权对一国力量最为重要。海洋的主要航线能带来大量商业利益，因此必须有强大的舰队确保制海权，以及足够的商船与港口来利用此利益。马汉也强调海洋军事安全的价值，认为海洋可保护国家免于在本土交战，而制海权对战争的影响比陆军更大。他主张美国应建立强大的远洋舰队，控制加勒比海、中美洲地峡附近的水域，然后进一步控制其他海洋，再进一步与列强共同瓜分东南亚与中国的海洋利益。

阿尔弗雷德·赛耶·马汉于1840年9月27日出生在美国西点军校的教授楼里，其父老马汉28岁时就成为当时西点军校最年轻的教授。1854年马汉进入纽约的哥伦比亚学院。1856年马汉进入安纳波利斯海军学校学习。毕业后进入海军服役，曾任炮舰舰长。1885年，马汉任美国海军学院教授，讲授海军史及海军战略，并开始其著述生涯。

马汉的《海权论》对日后各国政府的政策影响甚大。美国前总统罗斯福控制中美洲的"巨棒政策"正是以马汉理论为基础的。

马汉的思想深受古希腊雅典海军统帅地米斯托克利及政治家伯里克利的影响，主要著述有《海权对历史的影响》《海权对法国革命和帝国的影响，1793—1812》《海权的影响与1812年战争的关系》《海军战略》等。

朱利安·斯泰福德·科贝特(1854—1922年)是英国军事理论家、也是广大历史学家所公认的英国最伟大的海洋战略家。1854年11月12日生于英格兰萨里郡泰晤士迪顿。他毕业于剑桥大学特里尼蒂学院。1877年,他被中殿法学协会授予律师资格。1882年前,他一直从事法律工作,曾在牛津大学和皇家海军学院讲授历史课,后任英国国防委员会历史部主任,从事海军历史研究,1917年,被封为爵士。

科贝特在整理和分析英国历史资料的基础上,归纳和演绎出了一种"具有海洋国家特色"的军事战略理论,出版了一系列著作。书中强调海权的相对性、保护海上交通线的重要性、陆海协同和两栖作战等观点,对西方海军战略思想的发展产生了重大、深远的影响,被称为英国最伟大的海洋战略家。

"海权论"三部曲

马汉"海权论"的形成是对葡萄牙、西班牙、荷兰、英国等国家成为海洋列强历史性经验的总结,也是后来日本、美国称霸世界的行动纲领。冷战后,随着苏联的解体,美国的海洋战略进一步向全球扩张,美国海军战争学院提出"马汉还不够"的警语,科贝特的海洋战略思想得到重视与实践。

3.1.2 近代海洋强国

葡萄牙

葡萄牙位于欧洲伊比利亚半岛西部,东、北部与西班牙接壤,西、南部濒临大西洋,为欧洲西南门户。葡萄牙于1143年成为独立王国;13世纪后,逐步发展为南欧强盛的封建中央集权国家;15~16世纪成为海上强国,不断向外扩张,先后在非洲、亚洲和美洲占有大量殖民地;16世纪上半叶,帝国进入鼎盛时期。葡萄牙是最早的世界性海洋大国之一,也是海洋兴盛的欧洲老牌殖民帝国。

恩里克(1394—1460年)是葡萄牙亲王、航海家,因设立航海学校、奖励航海事业而被称为"航海者"。在他的支持下,葡萄牙船队在非洲西海岸至几内亚一带,掠取黄金和象牙,抓捕黑奴,并先后占领马德拉群岛等

葡萄牙罗卡角的山崖上建了一座灯塔和一个面向大西洋的天主教碑，上面刻着"陆止于此，海始于斯"。

天主教碑   葡萄牙里斯本航海纪念碑（为纪念子恩里克王子逝世500周年而建）

自1415年开始，恩里克王子着手准备对非洲西北部探险。1448年，他在阿奎姆岛建立欧洲人在非洲第一个殖民据点。他一生中四次航行，最远到北非，划进葡萄牙地图的非洲西海岸达4 000千米。

葡萄牙国王率领民众欢送探险舰队远航   葡萄牙建造的帆船

1498年5月20日，达伽马率航海舰队到达印度西南部的卡里库特附近，从而开辟了西欧直通印度的航线，为葡萄牙称霸印度洋创造了条件。1500年，卡布拉尔沿印度航线航行时，风暴却把他们送到了南美洲，偶然地发现了巴西。葡萄牙在巴西建立了殖民帝国。随后，阿尔布魁克夺取了亚丁、霍尔木兹和马六甲等战略要地，取得了印度洋的制海权，掌控了全部西欧的香料进口贸易。

1580年，西班牙国王菲利普通过武力打败了葡萄牙国内的竞争者，当选为葡萄牙国王。因西班牙政府忙于欧洲战事，无力维持葡属殖民统治，其多年经营的殖民体系逐步瓦解。到18世纪初，它在东方的殖民据点只剩下果阿、第乌、帝汶等有限几处，葡萄牙已彻底衰落。

葡萄牙舰队入侵南美洲

西班牙

西班牙马德里哥伦布广场

西班牙位于欧洲西南部的伊比利亚半岛，北濒比斯开湾，东北与法国、安道尔接壤，西与葡萄牙为邻，东濒地中海，南隔直布罗陀海峡与北非大陆相望，扼大西洋和地中海之间航路的咽喉。1479年形成统一的中央集权的西班牙王国。自1492年哥伦布发现美洲大陆后，西班牙逐步壮大海上势力，并在16世纪成为欧洲最强大的国家。

葡萄牙人在非洲西海岸的成功航行和扩张，刺激了西班牙人，促使他们积极寻找另一条通往东方的新航线。随后，西班牙资助哥伦布开辟了通往美洲的新航路，资助葡萄牙人麦哲伦进行了环球航行。

哥伦布在西班牙帕洛斯港离境远航

返航的哥伦布觐见西班牙国王

西班牙在探险中，进行了大量的殖民活动，在西半球广袤的土地上迅速建立起殖民帝国。大批西班牙骑士到拉丁美洲大发横财，陆续征服了北自墨西哥、南至南美最南端的广大地区(除巴西被葡萄牙侵占外)。为争夺香料贸易，西班牙还先后五次远征菲律宾，并以王子菲利普的名字命名。西班牙掠夺了巨额的金银，并长期控制国际金融市场上的货币。西班牙衰落的主要原因是荷兰、英国和法国等强敌的兴起及本国社会制度落后于新兴的资本主义制度。

西班牙殖民帝国印度群岛贸易馆　　　　西班牙大帆船"圣·马丁"号

荷兰

荷兰位于西欧北部，扼中欧水陆交通要冲，是西欧的北大门。它于1581年宣布成立"荷兰共和国"。17世纪中叶，荷兰的商船总数超过欧洲其他国家商船数量的总和，被称为欧洲的头号"海上马车夫"。荷兰在世界各地建立殖民地和贸易据点，贸易额占世界贸易总额的一半，成为世界上最大的海上商业帝国。

荷兰金德代克风车群　　　　　　　　　"阿姆斯特丹号"帆船

荷兰成为当时的海洋强国，主要优势是造船工业、航海事业。荷兰建造的货运船腹大能容，不装配武器，制作机械化，具有很强的竞争优势，是荷兰主要的工业产品。这些优势促进了荷兰的海上贸易和殖民事业，成就了"海上马车夫"的海洋强国地位。

荷兰建立殖民地主要是通过两大贸易公司进行海外殖民扩张的东印度公司有武装舰船41艘、商船3 000艘，雇员达10万人，通过武力扩张，其势力深入到印度和日本，曾霸占中国台湾；西印度公司则夺占西班牙和葡萄牙在美洲的殖民地。18世纪初，荷兰奴隶贸易量占世界奴隶贸易量的一半以上。

英国和法国的崛起是荷兰丧失海上霸主地位的主要原因。荷兰和英国因海上贸易和海外殖民进行了三次战争，战争的失利致使荷兰丧失了海上霸权和贸易垄断地位。法国对荷兰的陆上入侵也迫使其投入了更多的军事力量保护陆上要塞，影响到海军的发展。

荷兰黄金时代的阿姆斯特丹交易所　　　　　　　阿姆斯特丹东印度公司的造船厂

英国

　　英国位于欧洲西部，大西洋的不列颠群岛上。827年，英格兰王国建立；16世纪末进行殖民扩张，通过英西战争、英荷战争、英法七年战争获得海上霸权和大量殖民地；19世纪进入全盛时期，建立大不列颠及爱尔兰联合王国，号称"日不落帝国"。

英国泰晤士河上的塔桥

　　英国经过与葡萄牙、西班牙、荷兰和法国的海上霸权争夺，18世纪在殖民地贸易和航海方面确立了世界霸权地位。

英荷第一次海战（1652—1654年）

17世纪前期荷兰海军战舰"艾米利"号

英国的殖民扩张为资本主义的发展积累了大量的资本，以技术革新为目标的工业革命首先发生在英国。随着英国工业技术革命的成功，国民经济得到飞速发展。到1914年，英国的殖民地总面积扩大到3 350万平方千米，占地球陆地面积的1/4，相当于英国本土面积的110倍，殖民地人

英国工业技术革命

口达4亿多，为英国本土人口的9倍，从而成为地跨五洲的"日不落"殖民大帝国。随着美国的崛起，英国的海洋霸主地位在两次世界大战的冲击下迅速丧失。

美国

美国领土包括本土以及阿拉斯加和夏威夷两个海外州。1776年，美利坚合众国成立。经过独立战争、南北战争和美墨战争，美国成为北美最强大的国家。1898年美西战争使美国力量深入太平洋，越过夏威夷，到达菲律宾。经过两次世界大战，美国成为世界超级大国。

自由女神像

19世纪末，美国的经济实力位居全球前列，进入了全面扩张时期，在马汉"海权论"战略的影响下，积极建设一支深海海军。1907年12月至1909年2月，美国由16艘战列舰和7艘小型雷击舰（驱逐舰的前身）组成，官兵达1.4

万人的"大白舰队"进行了环球航行，树立了美国海上强国的地位，从而进行了建设全球海军时代。"宪法号"护卫舰是一艘是3桅木质帆船，1797年下水，服役以来立下了赫赫战功，绰号"老铁甲舰"。

大白舰队中的"俄亥俄"号战列舰

"宪法号"护卫舰

卡尔·文森号航空母舰

卡尔·文森号航空母舰于1980年3月15日下水，以圣迭为母港，是美国海军在西太平洋海域经常部署巡弋的航母，全长330余米，满载排水量9万多吨，航速为30节，续航力80～100万海里。

两次世界大战为美国创造了发展机遇，最终成就世界第一海军强国。美国海军协会的海上政策报告提出，美国是"世界海洋领导者"，要建立立体控制全球海洋的海上力量、长期保持依靠地位的海洋科研力量、适合本国优势的海洋经济、引领世界的海洋综合管理等战略。今后很长一段时间，美国都将是世界第一海洋强国。

日本

日本位于太平洋西岸，是一个由东北向西南延伸的弧形岛国。岛国位置使它可以方便地进入海洋，并从海洋走向大陆，执行对外扩张的"大陆政策"。日本是最后崛起的帝国主义国家，企图吞并朝鲜、征服中国，甚至称霸亚洲和世界。二战后，日本经济得到重新恢复，综合国力雄厚，仍是海洋强国。

日本富士山

横须贺佩里纪念碑

1853年美国海军准将佩里率舰队闯入浦贺港，打开了日本大门。随后英国、俄国、荷兰都相继与日本缔结了亲善条约，西方列强的入侵，最终促进了日本社会的政治变革。明治维新促使日本资本主义经济迅速发展，日本从一个封建落后的农业国家逐步变成先进的资本主义农业、工业强国。

中日甲午海战是1894年9月17日中国和日本发生在黄海大东沟海域的一次海战，以中国失败而告终，中国被迫签订《马关条约》。甲午战争后，中华民族陷入了空前严重的民族危机；而日本国力得到加强，得以跻身列强。

日本海军防护巡洋舰"松岛"号

日本建成的世界第一艘航空母舰"凤头翔"号

1941年12月8日，日本舰队突袭美国珍珠港海军基地，太平洋战争爆发，到1942年春，日本占领了东南亚广大地区和南中国海、西太平洋所在英美海空军基地，重创了美国太平洋舰队和英国远东舰队，夺取了制海权和制空权。在随后的战争中，以中途岛日本海军的失败

太平洋战争时期的日本战舰

为转折点，日本进入了节节败退的阶段。1945年4月1日，美军登陆冲绳岛。8月15日，日本天皇裕仁以广播《停战诏书》形式，正式宣布日本无条件投降。

太平洋战争

【阅读链接】

日本的《海洋基本计划》

　　日本政府每隔5年左右就会重新研究、制定海洋基本计划。2018年5月15日，日本正式通过了第三期《海洋基本计划》。这一文件作为日本政府指导、制定与实施2018—2022年海洋政策的基本方针，旨在协调涉海各省厅间关系，明确未来施政方向，调整政策优先顺序，并对日本涉海事务予以进一步分工、规范与指导。

　　日本前两期《海洋基本计划》将开发和利用海洋资源作为核心内容。第三期较之前两期最大的变化在于突出了维护海洋权益、保障海洋安全。《海洋基本计划》是日本海洋政策体系的重要组成部分，在担负着为实施日本国家战略提供物质基础保障、创造有利条件重要使命的基础之上，新版计划又将其与日本国家安全进行了紧密联系。由此可见，日本在海洋世纪追求国家利益的路径还有更为重要的两层含义：一层是通过海洋开发活动落实其海洋权益，并以先进的海洋开发技术为依托，在制定国际海洋秩序的过程中取得主导地位，从而制定出更符合日本国家利益的国际规范，构建出由日本占据主动权的国际海洋秩序。另一层则是由获取利益、强化海军、守卫利益组成的旧式海权思维。受此影响，日本在海洋政策上逐步呈现出举国之力，内外呼应，安保为先，开发辅之的态势。可以说，日本已经将其国家利益和统治意志置于国际海洋秩序的范畴之内加以考量，在巩固国际海洋秩序下海洋大国既往价值观念的过程中，为日本的国家利益和统治意志披上维护国际海洋秩序的保护色，并以此为依据规范其他发展中国家，谋求持续巩固、扩大其海洋利益。（摘自《中国海洋报》作者：吕耀东 谢若初 潘万历）

第二单元　国际海洋法

国际海洋法是关于海洋区域的各种法律制度，以及在海洋开发各方面调整国与国之间的关系的原则和规则的总称，是由国家通过协议制定和认可的意志表示。从以"海洋自由"原则为基础的传统海洋法到"有限自由"原则的《联合国海洋法公约》，国际海洋法正在调整和建立着新的国际海洋秩序。

3.2.1　《联合国海洋法公约》

《联合国海洋法公约》形成的历史

国际海洋法的发展经历了漫长的过程，从奴隶制时代海洋为"大家的共有之物"，到以葡萄牙和西班牙为首的西方列强扼守海洋通道建立世界性殖民帝国，再到以第三世界国家崛起而兴起的维护海洋权益的浪潮，世界海洋秩序的建立与调整已迈进国际性和法制化。

1494年6月7日，葡萄牙与西班牙两国签订《托尔德西拉斯条约》，以佛得角2 056千米（西经48°到49°）为界，从南极到北极画一条分界线，这条线被称为敦煌子午线以西归西班牙，以东归葡萄牙，他们在争抢海洋权利中开启了近代殖民主义的狂潮。

"海洋自由"原则由近代国际法奠基者雨果·格劳秀斯于1609年提出，它反映了新兴荷兰资产阶级发展同东印度的航海贸易的要求，到18世纪获得国际社会的广泛支持，成为传统国际海洋法的一项根本准则。

1702年，荷兰学者宾凯尔斯克发表了"海洋主权论"。他把海洋区分为"从陆地到权力所及的地方"和"公海"两部分，并按火炮射程确立了3海里的领海海域。1945年9月28日，美国总统杜鲁门发布了《美国关于大陆架底土和海床自然资源政策宣言》，宣称"海岸至183米的海底受其管辖和控制"，引发世界沿海各国新的蓝色"圈地运动"，从而促使了新的国际海洋法律制度的建立。

三次国际海洋法会议

时 间	重要论题	参加国家数量	结 论
1958年2月24日在日内瓦召开，历时9周	《领海与毗连区公约》《公海公约》《大陆架公约》《捕鱼与养护公海生物资源公约》	87	四个公约根本没有如实反映广大发展中国家的合理要求和利益，对领海宽度问题，未达成一致，《领海与毗连区公约》未能做出规定
1960年3月17日到4月26日	领海宽度和渔区问题的提案		提案未获得2/3通过，会议无果而终
1973年12月—1982年4月，历时近10年，召开了11期共16次会议	形成了《联合国海洋法公约》	160	经过艰苦谈判而达成协商一致的《公约》获得通过

《联合国海洋法公约》简介

《联合国海洋法公约》

《联合国海洋法公约》缔约国会议

　　《联合国海洋法公约》于1982年12月10日在牙买加的蒙特哥湾召开的第三次联合国海洋法会议上通过，1994年11月16日生效。该公约共分17部分，连同9个附件共有446条，主要内容包括：领海、毗邻区、专属经济区、大陆架、用于国际航行的海峡、群岛国、岛屿制度、闭海或半闭海、出入海洋的权益和过境自由、国际海底以及海洋科学研究、海洋环境保护与安全、海洋技术的发展和转让等。

《联合国海洋法公约》签订

　　《联合国海洋法公约》得到了世界上绝大多数国家的认可，成为解决海洋权益争端的主要原则。

截止到2016年，《联合国海洋法公约》共有167个缔约国（组织），其中有163个联合国会员国，1个联合国观察员国（巴勒斯坦），1个国际组织（欧盟），2个非会员国（库克群岛和纽埃）。共有15个联合国会员国签署了海洋法公约但未批准。其中美国签署了"关于执行1982年12月10日《联合国海洋法公约》第十一部分的协定"而未批准。共有16个联合国会员国未签署海洋法公约（非会员国未予统计）。

1994年7月29日，中国常驻联合国代表李肇星（中）在执行《联合国海洋法公约》协议上签字

3.2.2 《联合国海洋法公约》的组织机构

根据《联合国海洋法公约》的相关规定，国际海底管理局、国际海洋法法庭、大陆架界限委员会分别于1994年11月、1996年8月、 1997年3月成立。这三大机构是新海洋法制度的重要组成部分，在落实《联合国海洋法公约》和规范海上活动方面发挥着重要作用。

国际海洋法法庭

国际海洋法法庭外景

法庭总部设在德国的汉堡，是《联合国海洋法公约》相关解释和适用争端的司法解决程序之一。解决海洋争端的国际司法机构，还包括国际法院和国际仲裁法院。

国际海底管理局

管理局是《联合国海洋法公约》缔约国家根据《联合国海洋法公约》第十一部分成立的安排和控制"区域"内活动、管理"区域"内资源的组织，负责收缴各国开发200海里外大陆架的费用和实物，并根据公平分享

国际海底管理局总部

的标准将其分配给各缔约国，以及制定适当规则、规章和程序，保护海洋环境，防止、减少和控制"区域"内活动对海洋环境的污染等。

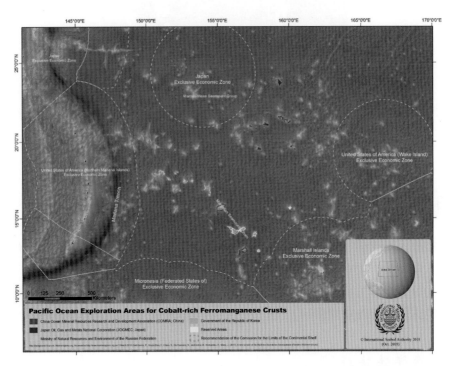

各国(组织)位于太平洋的多金属结构矿区位置图(红色部分为中国大洋协会合同区)
资料来源：国际海底管理局网站:www.isa.org.jmsitesdefaultfilesmaps04-pacific_ocean.jpg.jpg。

大陆架界限委员会

大陆架界限委员会是于1997年根据《联合国海洋法公约》而设立的负责200海里以外大陆架外部界限划定的国际组织，其职能是审议沿海国提出的关于扩展到200海里以外的大陆架外部界限的资料，并提出建议及科学和技术咨询意见。委员会由21名成员组成。

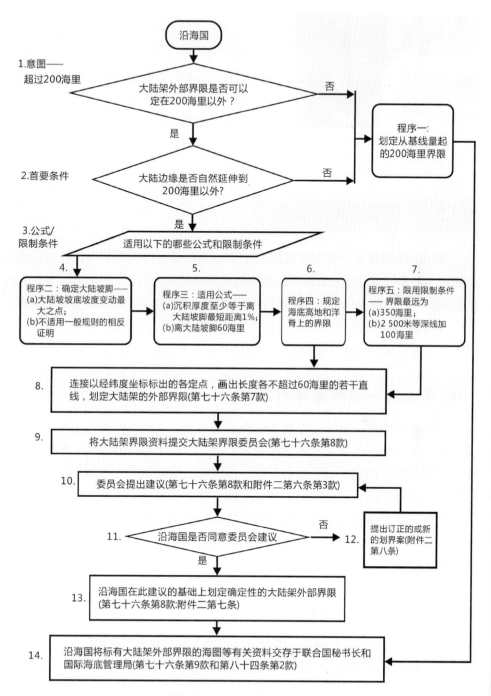

200海里外大陆架划界案程序图

2008年4月，澳大利亚成为第一个把大陆架延伸到200海里之外并获得国际认可的国家。图为澳大利亚资源和能源部长马丁弗格森在会议上介绍澳大利亚的大陆架情况。

马丁弗格森在会议上介绍澳大利亚的大陆架情况

3.2.3 国际海洋法实践

国际海洋划界是一种国家政治和法律行为，是沿海国维护海洋权益的前提与保证。划界的方式既有通过双边和多边谈判缔结划界协定，也有通过国际司法机构判决和裁决解决争端。国家海洋划界实践的不断增多，已使有争议海域的约1/3 的海洋划界问题得到了解决，促进了国际海域划界的进展。在岛礁主权的争端中，实际管辖和有效控制越来越成为判决的主导证据。

1985年朝鲜—苏联海洋划界

1985年苏朝两国签订《苏维埃社会主义共和国联盟和朝鲜人民民主共和国关于划定苏联—朝鲜国家边界的条约》，划定了两国之间的国家边界线。1986年，苏朝两国又划定了日本海的专属经济区和大陆架边界。海域划界考虑了中间线的标准和方法，但略偏向于朝鲜一侧，整体上有利于苏联。这不仅是西北太平洋区直至目前所划定的为数不多的海洋边界,而且是将海底底土和上覆水体一并运用单一海洋边界划分出专属经济区与大陆架界限，这种划界方式在此洋区尚无先例。

2000年中越北部湾划界

2000年12月25日，中越两国签署了《中华人民共和国和越南社会主义共和国关于两国在北部湾领海、专属经济区和大陆架的划界协定》，在遵循国际法和海洋法的基础上，按照公平原则，根据两国在北部湾总体政治地理关系大体平衡的基本观点，以21个界点确定了长约506千米的海域边界，划界海域面积大体对半。

印度尼西亚与马来西亚岛屿主权争端

1969年，印度尼西亚与马来西亚的大陆架划界引发了对里格滩岛(Ligiran)和西巴丹岛(Sipadan)的主权归属争端。审议时，国际法院否定了双方以条约为基础的主权主张，而将"有效占领"作为重要因素进行审查。2002年12月，国际法院将里格滩岛和西巴丹岛主权判归马来西亚。国际法院的判决表明：对争端当事国来说，仅有权利主张是远远不够的，还必须有对争议岛屿实施的有针对性的、体现国家意志的立法、行政管理和司法等多种方式的实际管辖行为，特别是有效占领和实际控制行为。而传统的捕鱼、民间登岛等活动，没有体现国家进行主权管理的意图，不具有国际法上的效力。

尼加拉瓜和洪都拉斯争议岛屿与归属及海洋划界的判决

2007年10月8日，国际法院把加勒比海中的四个岛礁，即伯贝礁（Bobel Cay）、萨凡纳礁（Savanna Cay）、皇家港礁（Port Royal Cay）和南礁（South Cay）的主权判归洪都拉斯；同时确定尼加拉瓜和洪都拉斯海洋边界的起点，划分了洪都拉斯和尼加拉瓜两国的领海、大陆架和专属经济区的单一边界。在确定岛屿主权归属问题时，国际法院主要考虑了保持占有、关键日期和有效治理等因素，其中"有效治理"具有决定性作用。

第三单元　中国的海洋权益

根据《联合国海洋法公约》，中国拥有主张管辖的约300万平方千米的海洋国土，同时还享有公海海域、国际海底区域、极地及他国管辖海域中国际法所规定的相关权益。从地理状况看，中国主张管辖海域存在先天的限制因素，众多的海洋权益争端以及域外势力的介入，给中国维护海洋权益带来了不利影响。

3.3.1　海洋权益概述

当今世界，海洋在国家发展中的地位日益提高，超过了人类历史上的任何时期。"海洋权益"一般是指在国家管辖海域内的权利和利益的总称，同时也包括被国际法普遍认可的管辖外海域范围内的权利和利益。海洋权益是一个不断发展的问题，其概念及内涵随着国际实践的发展而不断变化。

意识层面的海洋权益是指人们对海洋权益是如何认识的，是关于海洋权益的意识、观念和思想。它反映了人类对海洋价值观的认识，以及对海洋及其资源施行控制的意识。从历史上看，发达国家利用其海洋争霸观念、经验和实力，不断强化其海洋优势，增强其在海洋竞争中的地位。

制度层面的海洋权益主要是指国际条约中关于海洋权益的法律规范，反映了国际法律如何规定海洋权益的。海洋制度的存在及完善使国家间海洋的竞争必须遵循某种规则，也预示着海洋社会的逐渐成熟以及更高级的国际海洋秩序的到来。

现实层面的海洋权益主要指海洋权益在现实中的实现程度，意识中的权利要求、制度中的权利规定是否转化为实际上能够享有的利益，这是各国关心海洋权益的主要目的。其现实状态直接表现为海洋开发利用水平、海洋权益争端和海洋安全威胁等。例如：韩日独（竹）岛之争、日俄南千群岛之争、北极领土主张争端、英阿马岛之争和中国周边海洋权益争端等都体现了各方现实层面的海洋权益。

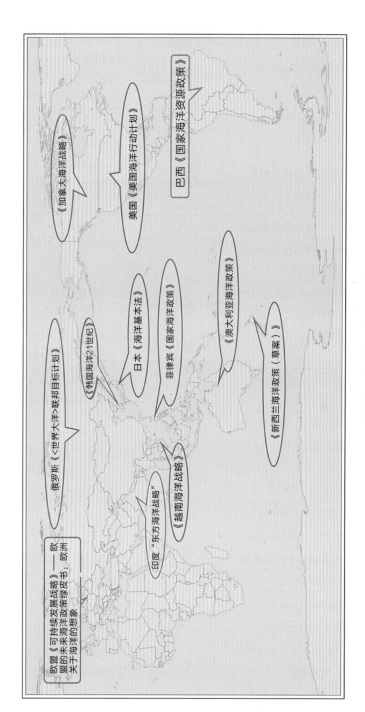

世界各国海洋发展战略

主要涉海国际条约和协定

领域	条约名称	生效日期	中国参加情况
国际海事组织	《联合国海洋法公约》（1982年）	1994年11月16日	1982年12月10日签署；1996年6月7日交存批准书；1996年7月7日对中国生效
	《国际海上人命安全公约》（1974年）	1980年5月25日	1975年6月2日签署；1980年1月7日交存核准书
	《国际船舶载重线公约》（1966年）	1968年7月21日	1973年10月5日交存加入书，对公约附则二第49条和第50条持有保留
	《1971年特种业务客船协定》	1974年1月2日	—
	《1973年特种业务客船舱室要求议定书》	1977年6月2日	—
	《国际海上避碰规则公约》（1972年）	1977年7月15日	1980年1月7日交存加入书；同日对中国生效
	《国际集装箱安全公约》（1972年）	1977年9月6日	1980年9月23日交存加入书；1981年9月23日对中国生效
	《国际海事卫星组织公约》（1976年）	1979年7月16日	1979年7月13日签署；1979年7月16日对中国生效
	《1977年托列莫利诺斯国际渔船安全公约》	—	—
	《1978年海员培训、发证和值班标准国际公约》	1984年4月28日	1979年6月3日签署；1984年4月28日对中国生效
	《1995年国际渔船船员培训、发证和值班标准国际公约》	—	—
	《1979年国际海上搜寻救助公约》	1985年6月22日	1980年9月11日签署；1985年6月24日交存核准书
	《1973年国际防止船舶造成污染公约》1978年议定书	1983年10月2日	1983年7月1日交存加入书；1983年10月2日对中国生效
	《1969年国际干预公海油污事故公约》	1975年5月6日	1990年2月23日交存加入书；1990年5月24日对中国生效
	《防止倾倒废物及其他物质污染海洋的公约》（1972年）	1975年8月30日	1985年11月14日交存加入书；

续表（一）

领域	条约名称	生效日期	中国参加情况
国际海事组织	《1990年国际油污防备、反应和合作公约》	1995年5月13日	1998年3月30日交存加入书；1998年6月30日对中国生效
	《2000年有毒有害物质污染事故防备、反应和合作议定书》	2007年6月14日	—
	《2001年国际控制船舶有害防污底系统公约》	2008年9月17日	—
	《2004年控制管理船舶压载水和沉积物国际公约》	—	—
	《1969年国际油污损害民事责任公约》	1975年6月19日	1980年1月30日交存接受书；1980年4月30日对中国生效
	《1971年设立国际油污损害赔偿基金国际公约》	1978年10月16日	—
	《1971年海上核材料运输民事责任公约》	1975年7月15日	—
	《1976年海事索赔责任限制公约》	1986年12月1日	—
	《1974年海上旅客及其行李运输雅典公约》	1987年4月28日	—
	《1996年国际海上运输有毒有害物质损害的责任和赔偿公约》	—	—
	《2001年国际燃油污染损害民事责任公约》	2008年11月21日	2008年12月9日递交加入书；2009年3月9日对中国生效
	《1965年便利国际海上运输公约》	1967年3月5日	1995年1月16日交存加入书；1995年3月16日对中国生效
	《1969年国际船舶吨位丈量公约》	1982年7月18日	1980年4月8日交存加入书；1982年7月18日对中国生效
	《1988年制止危及海上航行安全非法行为公约》	1992年3月1日	1988年10月25日签署；1991年8月20日提交批准通知书；1992年3月1日开始对中国生效；不受公约第16条第1款规定约束
	《1989年国际救助公约》	1996年7月14日	1994年3月30日交存加入书；1996年7月14日对中国生效

领域	条约名称	生效日期	中国参加情况
海洋渔业	《促进公海渔船遵守国际养护和管理措施的协定》（1993年）	2003年4月24日	—
	《执行1982年12月10日联合国海洋法公约有关养护和管理跨界鱼类种群和高度洄游鱼类种群的规定的协定》（1995年）	2001年12月11日	1996年11月6日签署了该协定
	《国际捕鲸管制公约》（1946年）	1948年11月10日	1980年9月24日通知加入；同日对中国生效
	《中国白令海峡鳕资源养护与管理公约》（1994年）	1995年12月8日	1994年6月16日签署
	《养护大西洋金枪鱼国际公约》（1966年）	1969年3月21日	1996年10月2日交存批准书同日对中国生效
	《中西部太平洋高度洄游鱼类种群养护和管理公约》（2000年）	2004年6月19日	2004年7月9日国务院决定加入，暂不适用于香港特区；2004年11月2日交存加入书；2004年12月2日对中国生效
文物	《保护水下文化遗产公约》（2001年）	2009年1月2日	—
海洋生物多样性	《生物多样性公约》（1992年）	1993年12月29日	1992年6月11日签署；1993年1月5日交存批准书
	《卡塔赫纳生物安全议定书》（2000年）	2003年9月11日	2000年8月8日签署；2005年9月6日对中国生效
	《养护野生动物移栖物种公约》（1979年）	1983年12月1日	—
	《濒危野生动植物种国际贸易公约》（1973年）	1975年7月1日	1981年1月8日交存加入书；1981年4月8日对中国生效
	《关于特别是作为水禽栖息地的国际重要湿地公约》（1971年）	1975年12月21日	1992年3月31日交存加入书；1992年7月31日对中国生效
	《南极条约》（1959年）	1961年6月23日	1983年6月8日交存加入书；同日对中国生效

续表（三）

领域	条约名称	生效日期	中国参加情况
海洋生物多样性	《南极海洋生物资源养护公约》（1980年）	1982年4月7日	2006年9月8日国务院决定加入；9月19日交存加入书；10月19日对中国生效
气候变化	《联合国气候变化框架公约》（1992年）	1994年3月21日	1992年6月11日签署；1993年1月5日交存批准书
	《联合国气候变化框架公约的京都议定书》（1997年）	2005年2月16日	1992年3月11日签署；1993年1月5日交存批准书

3.3.2 中国依据国际海洋法所享有的海洋权益

国家海域权益

内海 从自然地理上讲，内海是指伸入大陆内部的海。通常这样的海面积不太大，仅有狭窄的水道与大洋或边缘海相通，而且海水较浅，它的水文特征会因为周围大陆气候的变化而受到影响。从政治地理上讲，内海是一个国家内水的一部分，它包括各海港、领海基线以内的海域，以及为陆地所包围但入口较狭窄的海湾和通向海洋的海峡。内海是一个国家神圣不可侵犯的领土，沿海国有权关闭内海，不让

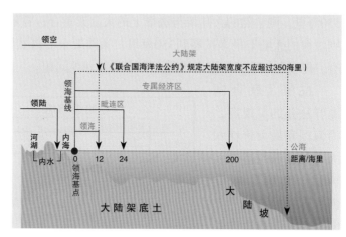

国家管辖海域空间结构示意图（单位：海里）

其他国家的船只进入，或规定进入内海必须遵守的规则。

领海 《联合国海洋法公约》规定，"国家主权扩展于其陆地领土及其内水以外邻接其海岸的一带海域，称为领海。""每一个国家有权确定其领海的宽度，直至从按照本公约确定的基线量起不超过12海里的界限为止。"领海是沿

岸国领土的一部分，沿岸国对其享有主权，这一主权还及于领海的上空、海床和底土。根据国家的属地优越权，各国对在本国领海内发生的一切犯罪行为，包括发生在外国船舶上的犯罪行为，有权行使司法管辖权。但与陆地领土不同的是，在一国领海内，外国船舶享有无害通过权。

毗连区 《联合国海洋法公约》第33条规定，沿海国为防止或惩治在其领土或领海内违犯其海关、财政、移民或卫生的法律和规章的行为而在毗连区内行使必要的管制。毗连区从领海基线量起不超过24海里。毗连区不是国家领土，国家对毗连区不享有主权，只是在毗连区范围行使上述方面的管制，而且国家对于毗连区的管制不包括其上空。

专属经济区 专属经济区是第三次联合国海洋法会议上确立的一项新制度。专属经济区是指从测算领海基线量起200海里、在领海之外并邻接领海的一个区域。这一区域内沿海国对其自然资源享有主权权利和其他管辖权，而其他国家享有航行、飞越自由等，但这种自由应适当顾及沿海国的权利和义务，并应遵守沿海国按照《联合国海洋法公约》的规定和其他国际法规则所制定的法律和规章。

大陆架 《联合国海洋法公约》中规定，沿海国的大陆架包括陆地领土的全部自然延伸，其范围扩展到大陆边缘的海底区域，如果从测算领海宽度的基线（领海基线）起，自然的大陆架宽度不足200海里，通常可扩展到200海里，或扩展到2 500米水深处（二者取小）；如果自然的大陆架宽度超过200海里而不足350海里，则自然的大陆架与法律上的大陆架重合；自然的大陆架超过350海里，则法律的大陆架最多扩展到350海里。大陆架上的自然资源主权，归属沿海国所有，但在相邻和相对沿海国间，存有具体划界问题。

按照《联合国海洋法公约》规定，沿海国家最大管辖六大海域区域（港口、内海、领海、毗连区、专属经济区、大陆架），世界海洋的35%被分到了沿海国家管辖，中国获得可主张管辖的300万平方千米海洋国土。

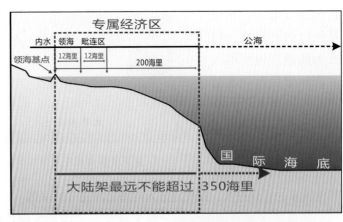

《联合国海洋法公约》中关于海域的划分

领海基点灯塔　　　领海基点界碑

领海基点标志的设立，对于维护我国海洋权益、巩固海防建设、保护海洋环境、加强海洋管理等具有长远的战略意义和重大的现实意义。

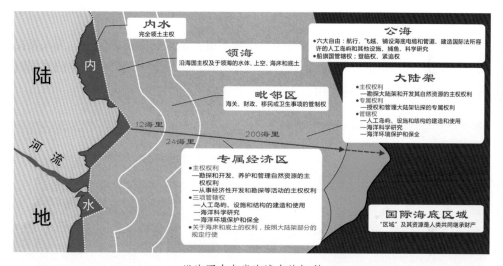

沿海国在各类海域中的权利

【阅读链接】

什么是登临权与紧追权

登临权是指沿海国的军舰在公海上有合理根据被认为犯有国际罪行或其他违反国际法行为嫌疑的商船，有登临和检查的权利。

行使登临权必须满足的条件：（1）只能对不享有豁免权的外国船舶行使；（2）只能在公海上进行；（3）要有合理的根据；（4）行使登临权的是军舰（这些规定既适用于军用飞机，也适用于经正式授权并有清楚标志可以识别的为政府服务的任何其他船舶或飞机）。

紧追权是指沿海国对违反其国家法律的外国船舶进行紧追，这种紧追必须在沿海国的内水、领海或毗连区之内开始，如外国船舶在专属经济区内或大陆架上犯罪，也可以从专属经济区或大陆架海域开始紧追。

行使紧追权须满足的条件：1.紧追权只可由军舰、军用飞机或其他有清楚标志的为政府服务并经授权紧追的船舶或飞机行使；2.只能对不享有豁免权的外国船舶行使；3.被紧追的船舶须违反了该国的法律和规章；4.紧追只能从该国的内水、群岛水域、领海、毗连区、专属经济区或大陆架（包括大陆周围设施的安全地带）开始；5.追逐不能中断；6.当被追逐的船舶进入第三国或其本国领海时，追逐应立即停止。

国际海洋权益

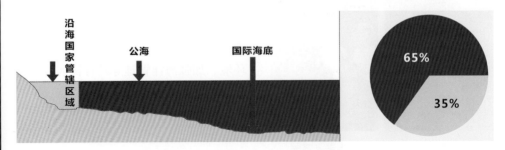

全世界海洋总面积的65%属于国际管辖区域

公海是联系各国海上运输的纽带、交通要道，是人类的资源宝库，为人类提供了广泛的开发利用空间。按照联合国海洋法公约的规定，公海是人类的共同财富，供所有国家平等共同使用。

中国大洋协会与国际海底管理局富钴铁锰结壳勘探合同签字仪式

2014年4月29日上午，中国大洋矿产资源研究开发协会（简称大洋协会）与国际海底管理局在北京正式签订了国际海底富钴结壳矿区勘探合同。通过大洋协会这一国家平台，我国在深海资源调查、环境保护、技术发展、装备能力建设、参与国际事务等方面均取得了重大进展，在争取和维护国家海洋权益、开发国际海底资源、发展深海技术装备等方面做出了重要贡献。

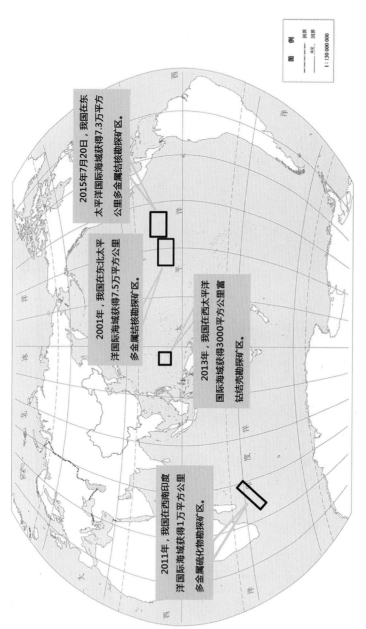

图 例

国际

界线

国界

1:130 000 000

2015年7月20日，我国在东太平洋国际海域获得7.3万平方公里多金属结核勘探矿区。

2001年，我国在东北太平洋国际海域获得7.5万平方公里多金属结核勘探矿区。

2013年，我国在西太平洋国际海域获得3000平方公里富钴结壳勘探矿区。

2011年，我国在西南印度洋国际海域获得1万平方公里多金属硫化物勘探矿区。

中国国际海底专属矿区位置示意图

107

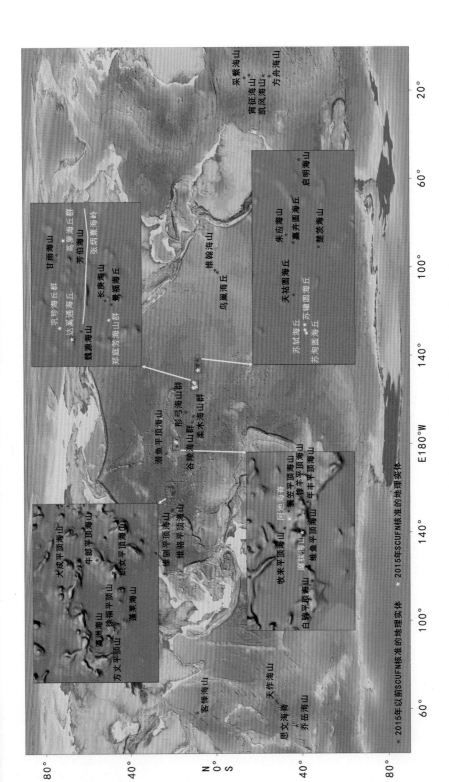

SCUFN(国际海底地名分委会)核准的中国大洋海底地理实体
（绘制单位：中国大洋矿产资源研究开发协会办公室）

* 2015年以前SCUFN核准的地理实体　　★ 2015年SCUFN核准的地理实体

到2019年底，中国大洋矿产资源研究开发协会共命名了191个国际海域海底地理实体。

两极权益

南极地区通常是指南纬66.5°～90°以内的区域，《南极条约》规定了南极的和平利用，冻结了各国对南极地区的主权要求，促进了各国在南极地区科学考察、和平利用和环境保护等方面的国际合作，我国目前在南极建有长城、中山、昆仑、泰山四座科考站。

1985年2月，中国第一支南极科考队仅用50天时间就建成了中国南极第一个科考站——南极长城站。

南极长城站

中山站

1989年2月26日，中山站建成，中山站是中国第一个建于南极圈以内的高纬度极地科考站。

【阅读链接】

中山科考站如何过冬？

2013年，在第30次南极科考期间，中山站越冬宿舍楼建成投入使用，新的越冬宿舍采用菱形平面，长轴与主导风向平行，这种流线型体型产生的积雪很少。宿舍楼中间有非常大的天井，看起来有点像四合院，也有点像传统民居围成一圈。之所以这样设计，是因为越冬队员要在这里度过漫长极夜，终日不见阳光，希望越冬队员在这里生活的时候都有一个开阔的视野，让他们心情更愉快。中山站越冬宿舍楼建成启用后，越冬生活条件较过去大幅提升。越冬宿舍楼通过发电机余热供暖，室温保持在20℃以上，让科考队员十分惬意。而且，发电机余热供暖是绿色技术，不会对当地环境有负面影响。宿舍楼有20多个标间，双人房标准。越冬时人数减少了，科考员就一人住一间，而在这栋宿舍楼启用前，老的宿舍楼在度夏期间通常是3~4人住一间，比较拥挤。不仅如此，在南极的冬天，老宿舍楼时常无法保持较高的室温。在中山站，打电话、上网都很方便。上海联通在中山站建造了基站，科考队员用手机打电话到上海，不需要拨区号。中山站还有专属电话号码，从那里打到国内，或从国内打到那里，都只按本地电话收费，所以科考队员都能与亲人"煲电话粥"。有线和无线网络也是中山站的标配，网速虽然不快，但发微信和邮件没有问题。越冬时，站里人员少了，队员上网就会更快。

2009年1月27日，中国在南极冰盖的最高点冰穹A地区建成了昆仑站，昆仑站的建成实现了中国南极科考从大陆边缘地区向南极大陆腹地的跨越。

2014年2月8日，南极泰山站正式建成，泰山站内设施先进，可实现部分设备在冬季无人值守情况下连续运行，进一步拓展了中国南极考察的领域和范围。

昆仑站

泰山站

北极地区通常是指北极圈以北的区域，包括北冰洋、岛屿以及欧洲、亚洲和北美洲部分大陆，北极尚无系统的适用于北扱地区的国际条约和制度。1990年，美国、加拿大、苏联、丹麦、冰岛、挪威、瑞典和芬兰八个环北极国家发起签署一项条约，决定成立非政府的国际北扱科学委员会。中国于1996年加入该组织，成为第16个成员国。

1925年，段祺瑞临时政府签署了《斯匹次卑尔根群岛条约》，签字国公民均有权利自由出入北极圈内的斯匹次卑尔根群岛，这是中国正式以官方形式与北极发生联系。根据条约的规定，中国在该地区有权从事一切海事、工业、采矿和商业活动，也有对斯匹次卑尔根群岛及其领海生物资源和非生物资源的开发权。《斯匹次卑尔根群岛条约》的签署为中国在北极建站提供了法律根据。

【阅读链接】

《斯匹次卑尔根群岛条约》

《斯匹次卑尔根群岛条约》，全称为《关于斯匹次卑尔根群岛的条约》。美、英、丹、法、意、日、挪、荷、瑞典等国于1920年2月9日在法国巴黎签署的一多边性国际条约。以后又有比、保、中、埃及、芬、德、希、沙特阿拉伯、摩纳哥、罗、南、瑞士、阿富汗、阿尔巴尼亚、奥、捷、匈、葡、委、苏等国先后宣布加入该条约，斯匹次卑尔根群岛位于欧洲北部的北冰洋上，在巴伦支海、格陵兰海之间。斯匹次卑尔根群岛连同其东面的北地岛、南面的熊岛以及其周围的一些小岛，被挪威人称之为斯瓦巴德群岛意即"寒冷的海岸"。条约规定：承认挪威对于斯匹次卑尔根群岛连同熊岛等拥有充分和完全的主权；该地区"将永远不得为战争的目的所利用"；挪威则承诺不在此建立或听凭建立任何海军基地、要塞；所有缔约国的国民均有权进入该地区，在遵守当地法律规定的条件下，在完全平等的基础上，从事一切海洋、工业、矿业和商业的业务活动。该条约于1925年8月14日正式生效。同年，挪威即接管了这个群岛。

黄河站成立

2004年7月，中国第一个北极科考站——黄河站在斯匹次卑尔根群岛的新奥尔松地区建成，也是北极地区的第八座科学科考站。

帝国主义从海上入侵中国（1840—1949年）

从1840年到1949年间，日、英、法、美、俄、德、意、奥等国的军舰入侵中国沿海地区达470余次，规范较大的有84次，入侵舰船1 860艘，入侵兵力达47万人。

签订丧权辱国的《马关条约》

入侵从沿海延伸到内陆，八国联军焚劫圆明园

从辽东半岛的大孤山到海南岛的三亚港，几乎中国所有的重要港口、港湾、岛屿都遭到西方列强的蹂躏。香港、台湾和澎湖列岛相继丧失主权，胶州湾、旅顺、大连、九龙、威海卫、广州湾等都曾被列强以各种名义控制。

3.3.3 中国周边海洋权益

中国所主张和实际享有的海洋权益受到相关因素的影响和制约，对中国海洋权益主张最大的制约因素是不利的海洋地理条件。中国大陆地区周边环绕黄海、东海和南海三个半封闭海，仅在台湾岛东部有狭窄的海域可直接与大洋相通，因第一岛链的阻隔，中国大陆地区无法直面大洋。岛屿分布格局也不利于扩展管辖海域，200海里以外大陆架主张受多种因素制约。

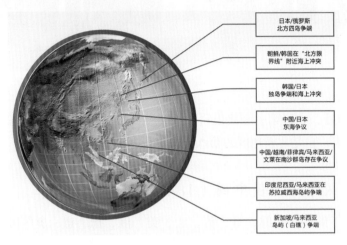

日本/俄罗斯
北方四岛争端

朝鲜/韩国在"北方限
界线"附近海上冲突

韩国/日本
独岛争端和海上冲突

中国/日本
东海争议

中国/越南/菲律宾/马来西亚/
文莱在南沙群岛存在争议

印度尼西亚/马来西亚在
苏拉威西海岛屿争端

新加坡/马来西亚
岛屿（白礁）争端

我国周边海上冲突岛屿争端示意图

钓鱼岛

中国海警船巡航钓鱼岛

钓鱼岛及其附属岛屿位于中国台湾岛的东北部，是台湾的附属岛屿，位于北纬25°40'～26°00'、东经123°20'～124°40'之间的海域，由钓鱼岛、黄尾屿、赤尾屿、南小岛、北小岛、南屿、北屿、飞屿等众多岛礁组成。

《顺风相送》成书于明朝初期，该书记载了中国海上航线及途经岛屿，其中明确记载了钓鱼屿（即钓鱼岛）、赤坎屿（即赤尾屿）等岛屿名称。这表明，早在14、15世纪中国就已经发现并命名了钓鱼岛。

《顺风相送》

《续琉球国志略》

1808年（清嘉庆十三年），齐鲲、费锡章共同编著的《续琉球国志略》记载"十三日天明见钓鱼台，从山南过，仍辰卯针行船二更，午刻见赤尾屿，又行船四更五，过沟祭海。"

1951年9月8日，美国等国家与日本签订《旧金山和约》，美军接管琉球群岛时擅自将钓鱼岛及其附属岛屿划入琉球群岛美国政府管辖的范围内，日本据此强行宣示钓鱼岛及其附属岛屿属于琉球群岛范围，是日本所谓的"有效控制"领土。

盖有日本天皇玉玺印章的《旧金山和约》文本

《日美安全保障条约签订》(1951年)

1971年6月17日，日美签署了《关于琉球诸岛及大东诸岛的日美协定》，将琉球群岛和钓鱼岛的"施政权""归还"给日本。同年11月，美国参议院批准相关协定。此举受到中国政府的坚决反对。

中日东海油气田开发争端

中日东海油气田争端的背后实质关联是东海划界问题。《联合国海洋法公约》确定，从一个国家的领海基线起最远可延伸至200海里为专属经济区。由此，相邻和相望国家间的海域纵深至少达到400海里，则专属经济区就不会存在争议，但实际情况是很难满足各划200海里的需求，东海就是这个情况，其最宽处也只有360海里，中日间的分歧由此而生。

中国政府已于2012年12月14日向大陆架界限委员会提交了东海部分200海里外大陆架划界案，正式向国际社会表明自己的主张。

苏岩礁

苏岩礁位于我国东海大陆架上，是我国大陆架海底的一部分。该礁距离水面4.6米，周边海域平均水深50米，南北长1 800米、东西宽1 400米，距离江苏南通150海里。

1880—1890年，北洋水师在海路图上对苏岩礁做了明确的标志。

1963年，东海舰队做了首次精密测量。

1992年5月，北海舰队对苏岩礁做了全面的测绘。

非法的韩国"海洋科学考察站"

2000年，韩国投资2 400万美元在苏岩礁建海洋观测站，妄图以此侵占我国海洋权益。

中越 "981" 钻井平台事件

2014年5月，中国企业所属"981"钻井平台在中国西沙海域作业（5月2日和5月27日开展两阶段作业，作业海域距离中国西沙群岛中建岛和西沙群岛领海基线均为17海里，距离越南大陆海岸约133～156海里），越南出动大批船只干扰。

越南媒体进行了钻井平台位于越南的管辖海域（越南专属经济区或大陆架）的不实报道，导致越南各城市发生了针对中资企业和人员的暴力打砸事件，引发双边关系高度紧张。

2014年6月8日，中国发布《"981"钻井平台作业：越南的挑衅和中国的立场》，再次确认了钻井平台作业位置，重申中国对西沙群岛的主权。

九段线的由来

中国南海疆域属于中国，这是在中国人民最早发现、最早命名、最早经营开发、最早管辖的2 000多年的历史中形成的。史料记载，汉代时曾用"涨海"泛称南海，隋唐时南海岛屿有"焦石山"和"象山"地名的记载，宋代时将南海列入"琼管"范围。《元史》记载了元朝海军巡辖了南沙群岛，明代郑和下西洋曾途经西沙和南沙，留下了南海海域航海图。至清代，中央政府将南海诸岛正式列入中国版图并明确置于广东省琼州府万州辖下。

1934年12月，民国政府成立了"水陆地图审查委员会"审定了中国南海各岛礁的中英文地名。

1935年4月，该委员会又出版了《中国南各海岛屿图》，首次确定了中国南海最南的疆域线至北纬4°的曾母滩（1947年12月更名为曾母暗沙），把曾母暗沙标在疆域线之内。

1936地图集《中华建设新图》出版，这是中国地图上最早出现的南海疆域线，也就是今日中国南海地图上U形断续线的雏形。

1946年12月，永兴、中建两舰收复西沙群岛；太平、中业舰收复南沙群岛。一度为日本和法国殖民者侵占的南海诸岛，再一次回到祖国的怀抱。两支舰队的此次航程，成为近代中国宣誓、确认南海主权的重要环节。

1946年，林遵舰长率太平、中业舰收复南沙群岛

1946年12月5日，接收工作人员在太平岛举行接收南沙群岛升旗典礼

海军收复西沙群岛纪念碑

1947年4月14日国民党政府印制了《南海诸岛位置略图》。作为现代中国南海地图的重要蓝本，《南海诸岛位置略图》具备以下要点：（1）国界线最南端标在北纬4°左右；（2）在南海海域中完整地标明了东沙群岛、西沙群岛、中沙群岛和南沙群岛的位置和岛屿名称；（3）该图用11段国界线，圈定了中国南海海域

范围，成为如今中国坚持的南海主权九段线的由来。

中华人民共和国成立后，1953年将11段断续线去掉北部湾等2段，改为9段断续线，这就是俗称"九段线"的当代中国南海疆界线。

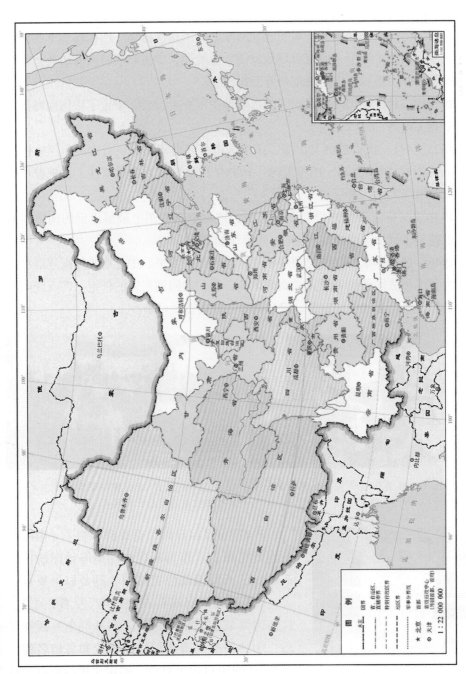

菲律宾南海"仲裁案"

自20世纪90年代，菲律宾为争夺中国的美济礁（美济岛）、黄岩岛和仁爱礁等岛礁的实际管控权进行了多次挑衅行为。

2013年1月22日，菲律宾单方面就所谓"中国在南海所主张的九段线违反了《联合国海洋法公约》"诉请国际仲裁。

2015年7月7日，仲裁法庭（临时组建，登记在常设仲裁法院名下）举行首次听证会。

2016年7月12日，仲裁庭对菲律宾诉中国南海仲裁案做出"裁决"，判菲律宾"胜诉"，声称中国对南海海域没有"历史性所有权"，并否定了中国主张的"九段线"。

一国固有疆界不应纳入仲裁范畴。南海仲裁案从头到尾就是一场披着法律外衣的政治闹剧。

中国政府的态度：不接受、不参与、不承认、不执行。

中国不接受、不参与仲裁，是在依法维护国际法治和地区规则。

中国在南海的领土主权和海洋权益拥有坚实的历史和法律根基，不受所谓仲裁庭裁决的影响。

中国将继续致力于通过谈判协商和平解决争端，维护好本地区的和平稳定。

南海问题逐渐被渲染为地区和国际热点问题，主要体现为岛礁之争、海域划界和资源争夺，南海问题牵涉六国七方（中国、越南、菲律宾、马来西亚、印度尼西亚、文莱和中国的台湾）。南沙群岛礁及其周围海域所拥有的实际和潜在资源，是引发南海部分海域及部分岛礁争端的重要原因。

美军航母闯入中国南海

美国是南海争端问题国际化的背后推手，美国将在亚太地区部署70%的海空力量。美国推出所谓"重返亚太""亚太再平衡"战略后，高调介入南海问题。

2016年7月13日，南航客机在美济礁新建机场着陆

2016年7月13日，国务院新闻办公室发表《中国坚持通过谈判解决中国与菲律宾在南海的有关争议》白皮书

三沙市成立

　　三沙市成立于2012年，是由国务院新批准设立的海南省地级市，下辖西沙、中沙、南沙诸群岛，管辖陆海面积200多万平方千米，人口2 500多人，是我国面积最大、人口最少的地级市。2020年4月，经国务院批准，海南省三沙市设立西沙区、南沙区。西沙区管辖西沙群岛的岛礁及其海域，代管中沙群岛的岛礁及其海域，西沙区人民政府驻永兴岛。南沙区管辖南沙群岛的岛礁及其海域，南沙区人民政府驻永暑礁。

三沙市成立大会暨揭牌仪式

三沙警备区官兵和西沙永乐工委干部、渔民升国旗

永兴岛

永暑礁

中国维护南海领土主权和海洋权益的决心坚定不移

人民日报评论员

2016年7月12日，菲律宾南海仲裁案仲裁庭罔顾基本事实，肆意践踏国际法和国际关系基本准则，公布了严重损害中国领土主权和海洋权益的所谓"裁决"。中国政府和中国人民对此坚决反对，绝不接受和承认。

中国人民世世代代在南海生产生活，早已成为南海诸岛的主人。历代中国政府通过行政设治、军事巡航、生产经营、海难救助等方式，持续对南海诸岛进行管辖，中国早已对南海诸岛及其附近海域确定了无可争辩的主权。近百年来，尽管南海风云变幻，尽管南海诸岛也短暂遭受过侵略者的荼害，但中国维护自身领土主权和海洋权益的决心从未动摇过。为此，英勇的中华儿女前仆后继，付出了巨大牺牲。中国自古倡导"强不执弱，富不侮贫"。不属于我们的土地，我们一寸也不要。但属于我们的领土，我们寸土不让。中国将采取一切必要措施，保护领土主权和海洋权益不受侵犯，一切侵害中国领土主权和海洋权益的企图都只能是妄想。

中华民族是热爱和平的民族，身体中流淌着和平的血液。作为南海最大沿岸国，中国从维护南海地区和平与稳定的大局出发，在南海问题产生后的几十年里始终保持极大克制，从未主动挑起争议，也没有采取任何使争议复杂化、扩大化的行动。中方一贯坚持维护南海的和平稳定，坚持通过谈判协商和平解决争议，坚持通过规则机制管控分歧，坚持维护南海的航行和飞越自由，坚持通过合作实现互利共赢。在各方的共同努力下，南海地区走出冷战阴霾，长期保持着和平稳定，走上繁荣发展的道路，南海的航行和飞越自由也得到了充分保障。

然而在外部势力的直接操纵和鼓动下，菲律宾阿基诺三世政府和仲裁庭罔顾基本事实，背离基本法理，一意孤行，打着规则和法治的旗号，假公器之名，欲逞其私利，企图通过曲解适用《联合国海洋法公约》来达到否定中国在南海领土主权和海洋权益的目的。对于这种彻头彻尾的政治挑衅，中国当然不会接受，这既是捍卫中国领土主权和海洋权益的必要之举，也是维护国际法尊严和地位、践行国际法的正义之举。国际社会中的许多国家和组织以及不少有识之士均对中国的立场表达了支持。国际法学界专业人士也纷纷对强制仲裁程序被滥用表示担忧和关切，认为菲律宾南海仲裁案伤害《联合国海洋法公约》争端解决机制的信誉，破坏《联合国海洋法公约》建立的国际海洋秩序，对现行国际秩序构成威胁。菲律宾阿基诺三世政府为满足一己私欲而破坏国际法治，侵害中国权益，仲裁庭枉法裁判，充当外部势力"提线木偶"，终是竹篮打水一场空的闹剧，将会被历史和时代所唾弃。

无论过去、现在还是将来，任何企图挑战中国底线的行为只能是搬起石头砸自己的脚。中国人民维护领土主权和海洋权益的决心坚定不移。

原文载于《人民日报》（2016年07月12日）

海洋文化馆施工手记

哈尔滨北辰环境艺术工程有限公司

哈尔滨北辰环境艺术工程有限公司是一家从事博物馆、纪念馆、科技馆等展馆的设计、施工一体化的专业公司。北辰环艺曾以非凡的艺术建树，超前的设计理念，严格的企业管理，精湛的施工工艺服务于社会。

海洋文化馆的施工是在原设计的基础上，着重表达设计理念、设计风格、设计亮点；通过对施工工艺的优化，使整个陈展动线空间安全顺畅、主题鲜明、效果生动……最终经过多角度的自然与文化的碰撞和交融，展现给公众一个厚重新颖的海洋资源、人文、权益、科技、经济的立体文化视角。

优化施工工艺——手绘施工图

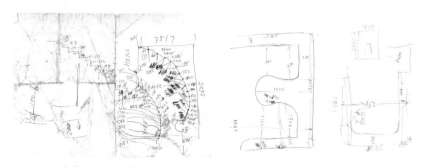

A厅跃层展览空间及楼体——为确保展馆公共空间的安全性，黑龙江北方设计院为此设计的图纸。

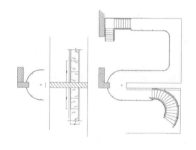
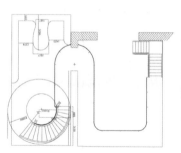

海洋
文化馆
HAIYANG WENHUAGUAN

——浓缩的海洋意识教科书
——NONGSUO DE HAIYANG YISHI JIAOKESHU

隐蔽工程——精益施工

临场发挥到极致——手稿

昼夜奋战——加班中的各工种

122

亮点——亮起来

最终呈现

2017年10月

我们要着眼于中国特色社会主义事业发展全局，统筹国内国际两个大局，坚持陆海统筹，坚持走依海富国、以海强国、人海和谐、合作共赢的发展道路，通过和平、发展、合作、共赢方式，扎实推进海洋强国建设。

——习近平

第四部分　建设海洋强国

　　"提高海洋资源开发能力，发展海洋经济，保护海洋生态环境，坚决维护国家海洋权益，建设海洋强国。"这是中华民族向海洋进军的庄严宣言，也是建设海洋强国的行动纲领，具有划时代的意义。

第一单元　海洋强国战略

以习近平同志为核心的党中央继承和发展了海洋思想，形成了将建设海洋强国与中国经济的崛起、产业调整、生态文明建设和国家安全建设有机融合的全面系统战略构想，标志着我国海洋战略进入新的历史时期。

海洋强国内涵

在开发海洋、利用海洋、保护海洋、管控海洋方面拥有强大综合实力的国家。

建设海洋强国

提高海洋资源开发能力，发展海洋经济，保护海洋生态环境，坚决维护国家海洋权益，建设海洋强国。

建设海洋强国的举措

提高海洋资源开发能力，着力推动海洋经济向质量效益型转变；保护海洋生态环境，着力推动海洋开发方式向循环利用型转变；发展海洋科学技术，着力推动海洋科技向创新引领型转变；维护国家海洋权益，着力推动海洋维权向统筹兼顾型转变。

海洋强国标志

国民强烈的海洋意识和先进的海洋观，制定完善的国家海洋战略及海洋法制系统，具有利用开发海洋资源的科技优势，切实运用保障海洋权益的强大海上实力，在国际组织、海洋机构中具有重要影响力和话语权，在国际竞争中能为国家谋求最大利益。

具体体现

海洋科技先进，海洋经济发达，海洋环境优美。

海陆一体的海洋国土观

"我国既是陆地大国，也是海洋大国"。海陆一体的国土意识，将蓝色国土与陆地领土视为平等且不可分割的统一整体，这是我国几千年来国土观念未有之变革，是中华民族寻求新的发展路径的重大选择。

主权、安全、发展利益相统一的海洋利益观

一方面，我们"决不能放弃正当权益，更不能牺牲国家核心利益"，另一方面，我们要通过加强合作"寻求和扩大共同利益的汇合点"，追求并不断扩大共同利益，打造命运共同体。

和平合作的海洋发展观

"我们爱好和平，坚持走和平发展道路"，我们坚持"通过和平、发展、合作、共赢方式，扎实推进海洋强国建设"。

走依海富国、以海强国、人海和谐、合作共赢的发展道路

"建设海洋强国是中国特色社会主义事业的重要组成部分"，推进海洋强国建设，要"坚持走依海富国、以海强国、人还和谐、合作共赢的发展道路"。

共建共享共赢的海洋安全观

我们要坚持"与邻为善、以邻为伴，坚持睦邻、安邻、富邻，践行亲、诚、惠、容理念"，走一条"共建、共享、共赢的亚洲安全之路。"

习近平的"蓝色情怀"

我国既是陆地大国，也是海洋大国，拥有广泛的海洋战略利益。推进海洋强国建设是习近平总书记一直以来记挂在心的大事。新华社推出文章，梳理总书记的重要论述，让我们共同感受总书记的"蓝色情怀"。

厚植"蓝色"信念——"一定要向海洋进军"

建设海洋强国是中国特色社会主义事业的重要组成部分。党的十八大做出了建设海洋强国的重大部署。实施这一重大部署，对推动经济持续健康发展，对维护国家主权、安全、发展利益，对实现全面建成小康社会目标、进而实现中华民族伟大复兴都具有重大而深远的意义。

——2013年7月30日，在十八届中共中央政治局第八次集体学习时强调

我国是一个海洋大国，海域面积十分辽阔。一定要向海洋进军，加快建设海洋强国。

——2018年4月12日，在海南考察时指出

建设海洋强国，我一直有这样一个信念。发展海洋经济、海洋科研是推动我们强国战略很重要的一个方面，一定要抓好。关键的技术要靠我们自主来研发，海洋经济的发展前途无量。

——2018年6月12日，在青岛海洋科学与技术试点国家实验室考察时强调

推进"蓝色"部署——"海洋是高质量发展战略要地"

要提高海洋资源开发能力，着力推动海洋经济向质量效益型转变。发达的海洋经济是建设海洋强国的重要支撑。要提高海洋开发能力，扩大海洋开发领域，让海洋经济成为新的增长点。

要保护海洋生态环境，着力推动海洋开发方式向循环利用型转变。

要发展海洋科学技术，着力推动海洋科技向创新引领型转变。

要维护国家海洋权益，着力推动海洋维权向统筹兼顾型转变。

——2013年7月30日，在十八届中共中央政治局第八次集体学习时强调

海洋是高质量发展战略要地。要加快建设世界一流的海洋港口、完善的现代海洋产业体系、绿色可持续的海洋生态环境，为海洋强国建设做出贡献。

——2018年3月8日，在参加十三届全国人大一次会议山东代表团审议时强调

南海是开展深海研发和试验的最佳天然场所，一定要把这个优势资源利用好，加强创新协作，加快打造深海研发基地，加快发展深海科技事业，推动我国

海洋科技全面发展。

——2018年4月12日，在海南考察时指出

建设海洋强国，必须进一步关心海洋、认识海洋、经略海洋，加快海洋科技创新步伐。

——2018年6月12日，在青岛海洋科学与技术试点国家实验室考察时强调

海洋经济、海洋科技将来是一个重要主攻方向，从陆域到海域都有我们未知的领域，有很大的潜力。

——2018年6月12日，在青岛海洋科学与技术试点国家实验室考察时强调

锻造"蓝色"力量——"努力把人民海军全面建成世界一流海军"

建设强大的现代化海军是建设世界一流军队的重要标志，是建设海洋强国的战略支撑，是实现中华民族伟大复兴中国梦的重要组成部分。海军全体指战员要站在历史和时代的高度，担起建设强大的现代化海军历史重任。

——2017年5月24日，在视察海军机关时强调

在新时代的征程上，在实现中华民族伟大复兴的奋斗中，建设强大的人民海军的任务从来没有像今天这样紧迫。要深入贯彻新时代党的强军思想，坚持政治建军、改革强军、科技兴军、依法治军，坚定不移加快海军现代化进程，善于创新，勇于超越，努力把人民海军全面建成世界一流海军。

——2018年4月12日，在出席南海海域海上阅兵时强调

要用好改革有利条件，贯彻海军转型建设要求，加快把精锐作战力量搞上去。要积极探索实践，扭住薄弱环节，聚力攻关突破，加快提升能力。要加强前瞻谋划和顶层设计，推进海军航空兵转型建设。

——2018年6月11日，在视察北部战区海军时强调

海军作为国家海上力量主体，对维护海洋和平安宁和良好秩序负有重要责任。

——2019年4月23日，在集体会见出席海军成立70周年
多国海军活动外方代表团团长时强调

促进"蓝色"合作——"让浩瀚海洋造福子孙后代"

葡萄牙被誉为"航海之乡"，拥有悠久的海洋文化和丰富的开发利用海洋资源的经验。我们要积极发展"蓝色伙伴关系"，鼓励双方加强海洋科研、海洋开发和保护、港口物流建设等方面合作，发展"蓝色经济"，让浩瀚海洋造福子孙后代。

——2018年12月3日，在葡萄牙《新闻日报》发表题为《跨越时空的友谊 面向未来的伙伴》的署名文章

我们人类居住的这个蓝色星球，不是被海洋分割成了各个孤岛，而是被海洋连接成了命运共同体，各国人民安危与共。海洋的和平安宁关乎世界各国安危和利益，需要共同维护，倍加珍惜。

——2019年4月23日，在集体会见出席海军成立70周年多国海军活动外方代表团团长时强调

当前，以海洋为载体和纽带的市场、技术、信息、文化等合作日益紧密，中国提出共建21世纪海上丝绸之路倡议，就是希望促进海上互联互通和各领域务实合作，推动蓝色经济发展，推动海洋文化交融，共同增进海洋福祉。

——2019年4月23日，在集体会见出席海军成立70周年多国海军活动外方代表团团长时强调

中国全面参与联合国框架内海洋治理机制和相关规则制定与实施，落实海洋可持续发展目标。中国高度重视海洋生态文明建设，持续加强海洋环境污染防治，保护海洋生物多样性，实现海洋资源有序开发利用，为子孙后代留下一片碧海蓝天。中国海军将一如既往同各国海军加强交流合作，积极履行国际责任义务，保障国际航道安全，努力提供更多海上公共安全产品。

——2019年4月23日，在集体会见出席海军成立70周年多国海军活动外方代表团团长时强调

海洋对人类社会生存和发展具有重要意义，海洋孕育了生命、联通了世界、促进了发展。

——2019年10月15日，致2019中国海洋经济博览会的贺信

原文载于新华网（2020年7月11日）

第二单元　海洋防卫

在中国建设现代化强国的过程中，因海洋在交通、国防、渔业、资源、环境以及对外关系方面的重大利益，建设一支适应海洋战略实施的海上执法队伍，建设一支维护国家主权与海洋权益、与中国大国地位相称的强大海军，是实现海洋强国的根本保证。

4.2.1　海上长城

人民海军的成立

解放战争后期，人民解放军先后取得辽沈、淮海、平津三大战役的胜利，百万雄师以排山倒海之势向南进军，直捣南京。由于缺乏海、空武装，致使国民党陆军残部在国民党和美国海空军掩护下从海上逃跑，撤退到台湾，并占据东南沿海诸多岛屿。历史的教训，加上渡江战役的需要，党中央认识到组建一支人民海军已是刻不容缓。1949年1月8日，中央政治局会议决议《目前形势和党在一九四九年的任务》提出："1949年及1950年我们应当争取组成一能够使用的空军，及一支保卫沿海沿江的海军。"同年3月第三野战军南下准备渡江战役，中央军委随即指示由三野负责组建人民海军。3月下旬，张爱萍参加在蚌埠召开的渡江作战会议时，三野司令员陈毅向他传达党中央和中央军委的决定。张爱萍听了陈毅的传达，感到非常兴奋，又感到压力很大。同时，鉴于海军是技术性很强、陆海空诸军兵种特点俱有的现代化军种，他一时感到无从下手，于是向陈毅说："搞海军，我自己连游泳都勉强，难以胜任。"陈毅强调，这是历史逼着我们去干的，而且非干好不可；要你去干，是党中央对你的信任，你是合适的人选。就这样，张爱萍临阵受命，勇挑重担，组建人民海军。

1949年4月上旬，张爱萍来到泰州白马庙，在粟裕的领导下，立即投入到筹建海军的调查研究和策划之中。为尽快把海军机关的架子搭起来，粟裕给予了很大支持，直接将三野教导师师部率第3团、野司警卫营拨给张爱萍，作为海军机关与直属部队的基础。此外，还有苏北海防纵队等"淮海军"部队若干，起义的国民党海军也纳入人民海军的编制。随后，粟裕又从野司机关选调了一些人参加海军筹备工作，构成了华东军区海军成立之初的全部家底，可谓完全是"白手起家"。4月23日下午，张爱萍在白马庙乡大地主王氏的小楼内庄严宣布："人民海军今天诞生了！"自此，中国人民解放军历史上第一支新的军种——人民海军，在白马庙扬帆起航！5月4日，中央军委批复定名为中国人民解放军华东军区海军。

华东军区海军初期的组成人员，主要来自三个方向：一是从陆军调来的指战员，包括三野教导师、苏北海防纵队、胶东军区海军教导大队（原海军支队），以及从30军、35军抽调的1万余人。二是接收起义人员3300余人，包括重庆号、灵甫号347人，以及从各地招收的旧海军人员788人。三是公开招收知识青年，包括华东军政大学调来的500余人。国民党起义投诚人员带来的舰艇，成为当时海军舰艇的主力。

人民海军诞生地——白马庙

1949年4月4日，粟裕、张震等率中国人民解放军第三野战军司令部进驻泰州城东南，在白马庙建立三野东线渡江战役指挥部。4月23日下午2时许，华中军区副司令员张爱萍在白马庙小楼里宣告人民海军的成立。一年后的1月12日，毛泽东签发命令，任命萧劲光为海军司令员，并着手组建海军领导机关，人民海军正式成为中国人民解放

人民海军诞生地白马庙旧址

军的一个独立军种。1989年2月17日，中央军委发布命令，确定1949年4月23日为中国人民解放军海军诞生日，泰州市白马庙为中国人民解放军海军诞生地。1982年，白马庙渡江指挥部旧址被列为江苏省级文物保护单位，2007年被国务院列为第六批全国重点文物保护单位。

人民海军创业路

战火中诞生成长的人民海军，在与敌人的反复较量中不断壮大，已发展成为一支初具规模的海上战斗力量，建成了相互呼应的海防体系，正加速提高控制中国海域通往大洋水域重要海峡水道和确保我国海上运输通道安全的能力。

1952年6月23日，毛泽东签署确定全国应办的军事院校的番号及调整方案。军事工程学院设在哈尔滨，内含海军工程系。标志着新中国海军正规化装备科研和人才培养进入快速发展时期。

大连海军学校的女学员

毛泽东签署的军事院校的番号及调整方案

中国建造的第一批53甲型护卫艇

1957年2月12日，中国自行建造的第一艘潜艇在试航

海上防卫

自1965年到1968年，中国海军航空兵在我领海上空击落和击伤美国各种型号飞机共8架。

中国海军航空兵

1973年9月，被称作伪政府的越南南方阮文绍集团（简称南越），派出军舰侵占我西沙部分岛屿，打死、打伤中国渔民和民兵多人，并攻击中国正常巡逻的舰只。1974年1月20日，中国海军舰队奉命开赴西沙群岛。此战击伤敌驱逐舰3艘，击沉护卫舰1艘，毙伤南越官兵100余人，俘敌48人，取得自卫反击战的胜利。

西沙海战

越南武装运输船

正在下沉的越南武装运输船

1988年3月14日，中国和越南为争夺中国南沙群岛的岛礁发生了一场小规模战斗，中国收复南沙群岛的永暑礁、华阳礁、东门礁、南薰礁、渚碧礁、赤瓜礁共6个岛礁，填补了中国对南沙群岛实际控制的空白点。

人民海军的构成

中国人民解放军海军，是中华人民共和国的海上武装力量，中国人民解放军的海上军种。中国人民解放军海军以舰艇部队和海军航空兵为主体，其主要任务是独立或协同陆军、空军防御敌人从海上的入侵，保卫领海主权，维护海洋权益。其作战部队——除了海军总部直辖外，分布于北海、东海、南海三支舰队中。海军是海上作战的主力，具有在水面、水下、空中作战的能力。

东海舰队

中国人民解放军海军东海舰队是解放军的第一支海军，其前身为"华东军区海军"，于1949年4月23日在江苏省泰州白马庙成立（此日即为中国人民解放军海军成立纪念日）。张爱萍将军任首任司令员兼政治委员。

东海舰队两栖作战群演练

942号鲁山舰鱼贯放出05式两栖步兵战车

东海舰队某部组织实弹扫雷演习

北海舰队

北海舰队，前身为华东解放军海军支队，是中国人民解放军海军最早的海军部队。中国人民解放军海军北海舰队的司令部驻地在山东省青岛市，海上防区为连云港以北的黄海海域和渤海湾，主要任务为保卫首都北京的海上门户及警戒周边地区对中国的海上威胁。

北海舰队联合编队远海训练

2012年10月，哈尔滨舰、石家庄舰等7艘舰艇组成的海军北海舰队联合编队，赴西太平洋海域展开例行性远海训练。这是北海舰队首次组织大规模联合编队到西太平洋海域进行多兵种协同训练，创下多项新纪录。

西宁舰入列命名授旗仪式

2017年1月22日，新型导弹驱逐舰西宁舰入列命名授旗仪式在北海舰队某驱逐舰支队军港举行，标志着该舰正式加入人民海军战斗序列。

南海舰队

南海舰队082型扫雷舰群在南海进行演练

南海舰队远海编队在东印度洋组织特情处置演练

南海舰队的前身是中国人民解放军中南军区海军，成立于1949年11月。1955年8月6日，中华人民共和国国防部发布命令，中南军区海军更名为中国人民解放军海军南海舰队，南海舰队曾参加了对南越的西沙之战和对越南的赤瓜礁海战，并取得丰硕战绩。

中国海军五大兵种

水面舰艇部队

水面舰艇部队，是海军兵力中类型最多、能遂行多种任务的基本兵种，主要分为战斗舰艇和辅助舰船两大类，它是海军最基本的突击兵力，具有在中、近海区独立作战和合同作战的能力，任务是消灭敌舰船，破坏敌岸上目标，输送登陆兵员，以及进行海上巡逻、警戒、反潜、布雷、护航、救生等。水面舰艇部队包括驱逐舰、护卫舰(艇)、导弹艇、鱼雷艇、猎潜艇、扫(布)雷舰(艇)等战斗舰艇部队和登陆舰(艇)以及担负各种保障任务的勤务舰船部队。

水面舰艇部队

随着中国科技水平迅速提升，军队武器装备进入导弹化、电子化、自动化的新阶段。国产驱逐舰经历三代发展，已实现从眼瞄手操到单系统自动化，再到全系统自动化的跨越。如今，信息化战舰已经成为中国海军水面舰艇部队的中坚力量。中国海军水面舰艇部队的作战训练方式也发生了质的飞跃。中国海军新型海上战斗群整体攻防、立体作战能力已今非昔比。海军诸军兵种近海综合作战能力已形成，远海机动作战能力正稳步发展。

海军航空兵部队

中国人民解放军海军航空兵部队始建于20世纪50年代，是海军中主要在海洋上空遂行作战任务的兵种。通常由轰炸航空兵、歼击轰炸航空兵、歼击航空兵、强击航空兵、侦察航空兵、反潜航空兵部队和执行预警、电子对抗、空中加油、运输、救护等保障任务的部队组成。具有远程作战、高速机动、猛烈突击的能力，是海洋战区夺取和保持制空权的重要力量，海军的主要突击兵力之一，能对海战的进程和结局产生重大影响。

随着信息技术和军事装备的不断发展，海军航空兵的作用和作战能力发生了巨大变化。轰炸航空兵普遍编配远程空舰导弹和巡航导弹，歼击轰炸航空兵逐步取代强击航空兵，编配中距离空空导弹，反潜航空兵受到普遍重视。海军航空兵将向多机种、多用途方向发展，将继续加强反潜航空兵建设，进一步增大岸基航空兵作战半径，提高远程精确打击能力。

海军航空兵部队

海军岸防部队

海军岸防部队

中国人民解放军海军岸防部队组建于1950年10月，在巩固海防、保卫近岸交通和渔业生产等任务中发挥了重要作用。岸防部队是以岸炮和岸舰导弹为基本装备，部署在沿海重要地段，主要遂行海岸防御作战任务的海军兵种。包括海岸导弹部队和海岸炮兵部队。可突袭敌方舰船，保卫基地、港口和沿海重要地段，扼守海峡、水道，掩护近岸交通线和己方舰船，支援岸导和要塞守备部队作战等。岸防部队主要由岸舰导弹兵、高射炮兵、海岸炮兵等组成，编有岸导团、高炮团等。

随着科学技术的发展，中国海军岸防部队逐步由海岸炮兵部队向海岸导弹部队发展，并且在岸防导弹的突防能力、攻击能力等方面进行不断改进和革新，使岸防部队的战斗力有了新的提高。

潜艇部队

1954年6月，中国组建历史上第一支潜艇部队——海军独立潜水艇大队，同时建立潜艇基地。20世纪70年代中期，组建核潜艇部队。1982年10月，潜艇首次水下发射运载火箭试验成功，标志着中国人民解放军海军潜艇部队进入现代化建设的新阶段。潜艇部队是海军中遂行水下作战任务的兵种。包括鱼雷潜艇部队、导弹潜艇部队和潜艇基地、勤务舰船部队、分队等。潜艇部队既可

潜艇部队

独立作战，也可与海军航空兵或水面舰艇部队协同作战。主要任务是：消灭敌方大、中型运输舰船和战斗舰艇，破坏、摧毁敌方基地、港口及其他陆上目标，进行侦察、反潜、布雷和巡逻等。

随着新军事革命的发展和世界战略格局的变化，海洋资源的争夺日趋激烈，世界各国将更加注重潜艇部队的建设和发展。少数发达国家为保持和争夺战略优势，将完善和充实战略导弹潜艇部队，注重建立海上战略核武器系统、大型水下基地等；发展中国家则根据其海防的需要，将主要发展常规动力潜艇部队，并建立精干的导弹潜艇部队。

海军陆战队

中国人民解放军海军陆战队组建于1953年，1980年5月成立陆战第1旅，现已发展成由三栖侦察兵、陆战步兵、装甲兵、炮兵、导弹兵、空降兵、防化兵、通信兵、工程兵等诸兵种合成的能快速反应的三栖作战力量。海军陆战队是一支诸兵种合成的能实施快速登陆和担负海岸、海岛防御、寒区作战、沙漠作战、丛林作战或支援任务的三栖作战部队，是应付局部战争和军事冲突的拳头。被誉为"陆地猛虎，海中蛟龙，空降神兵"。

海军陆战队将按照多样化的作战任务要求加快建设，提高两栖作战和陆上作战等多种作战能力，增大快速反应部队比例，加速装备的高技术化、兵力构成的多样化、部队编成的小型化。

陆战部队

多样化任务

远洋护航

2008年12月26日，中国海军首批护航编队解缆出征

中国海军护航编队舰载直升机在亚丁湾驱离疑似海盗船

【阅读链接】

亚丁湾为何如此重要

亚丁湾是位于也门和索马里之间的一片阿拉伯海水域，它通过曼德海峡与北方的红海相连，并以也门的海港亚丁为名，水域面积53万平方千米。亚丁湾西侧有两个世界驰名的海港，即北岸的亚丁港、南岸的吉布提港，是印度洋通向地中海、大西洋航线的重要燃料港和贸易中转港，扼守着地中海东南出口和整个中东地区，具有重要的战略地位，是出入苏伊士运河的咽喉。总之，亚丁湾是船只快捷往来地中海和印度洋的必经站，又是波斯湾石油输往欧洲和北美洲的重要水路。由于该地区海盗猖獗，所以亚丁湾又叫"海盗巷"。

为保证国际航运、海上贸易和人员安全，联合国安全理事会2008年6月通过第1816号决议，授权外国军队经索马里政府同意后进入索马里领海打击海盗及海上武装抢劫活动。此后，安理会又先后通过了第1838号、第1846号和第1851号决议，呼吁关心海上活动安全的国家积极参与打击索马里海盗的行动。

2008年12月26日，中国海军首批护航编队赴亚丁湾执行护航任务，迄今已逾10年。亚丁湾护航是中国人民解放军成立以来，远海常态部署时间最长、动用兵力最多、活动范围最广的军事行动，是中国海军跨越发展的重要里程碑，取得了显著的政治、外交、军事和社会效益，举国关注，举世瞩目。

"徐州"舰在武力营救"泰安口"轮

2010年11月20日上午11时，中远公司"泰安口"轮遭海盗登船袭击。21名船员向外发出求救信号后，全部撤至安全舱，等待救援。正在亚丁湾、索马里海域执行护航任务的中国海军第七批护航编队"徐州"舰接到救援命令后，火速前往350海里外的事发地点，实施武力营救，成功解救全部21名船员。

中国海军赴菲律宾救援

国际人道主义救援

2013年11月，菲律宾遭受强台风"海燕"袭击，中国海军"和平方舟"医院船赴重灾区开展人道主义医疗救助。

科研保障

1980年5月，为保障我国首次向南太平洋预定海域发射运载火箭，中国海军特混编队首次越过岛链，进入太平洋。

中国海军特混编队进入太平洋

国内抢险救灾

925型"长兴岛"号远洋打捞救生船

861 长兴岛号，曾用弦号J121、北救121，2003年改为681号。为925型（大江级）远洋打捞救生船第3艘，现服役北海舰队。J121于1978年11月开工，1979年3月20日上船台，同年8月27日下水。1981年10月进行航行试验，经过52天的航行，情况基本良好，但主柴油发电机故障多，可靠性差。1982年5月交船后，考虑到执行远洋任务的需要，更换发电机组。1983年10月，打捞救生船J121进工厂更换了发电机组，确保该船无隐患交付部队使用。1984年，J121参加中国首次南极考察，完成南极长城站的建筑任务。

排水量：1.023万吨（正常），排水量1.305万吨（最大）。主尺寸：长156.2米，设计水线长140米，型宽（最大）20.6米，型深11.50米，设计吃水6.8米。主机：6 615千瓦（9 000马力），低速柴油机2台，630千瓦柴油发电机组5台。 航速：巡航速度18节，最大航速20节，续航力：18 000海里，自持力：90昼夜。编制：298人，直升机：2架（直-8直升机或超黄蜂大型直升机）。

撤侨

2011年2月，中国政府通过海、陆、空三种方式从利比亚撤离我国驻利比亚人员；"徐州"号护卫舰赴利比亚执行保护任务，中国首次动用军事力量撤侨。空军派出4架伊尔-76飞机，于2月28日飞赴利比亚执行接运中国在利比亚人员的任务。这是我国空军首次海外撤侨。

"徐州"舰为利比亚撤离的同胞护航

【阅读链接】

中国人民解放军驻吉布提保障基地

吉布提位于非洲东北部亚丁湾西岸，扼红海入印度洋的要冲，东南与索马里接壤，西南、西部和西北部三面毗邻埃塞俄比亚，北部和厄立特里亚接壤。吉布提保障基地是我国首个海外保障基地，主要用于中国军队执行亚丁湾和索马里海域护航、维和及人道主义救援等任务的休整、

补给和保障。2017 年 8 月 1 日上午，中国人民解放军驻吉布提保障基地部队正式进驻营区，我国首个海外保障基地投入使用。

中国海军的主要武器装备

航空母舰

航空母舰，简称"航母"，有"海上霸主"之美称，是一种以舰载机为作战武器的大型水面舰艇，可以供舰载机起飞和降落。它通常拥有巨大的飞行甲板和舰岛，舰岛大多坐落于右舷。航空母舰是目前世界上最庞大、最复杂、威力最强的武器之一。

"辽宁号"（舰号16）航空母舰战斗群

自研第一艘航空母舰"山东号"航空母舰

现代航空母舰通常按满载排水量的大小分为大型航空母舰、中型航空母舰、和小型航空母舰；按动力装置可分为核动力航空母舰和常规动力航空母舰。

发展至今，航空母舰已是一个国家综合国力的象征。依靠航空母舰，一个国家可以在远离其国土的地方、不依靠当地机场的情况下对当地施加军事压力和进行作战。

驱逐舰

055型驱逐舰

驱逐舰是一种多用途的军舰，是海军舰队中突击力较强的中型军舰之一。现代驱逐舰装备有防空、反潜、对海等多种武器，既能在海军舰艇编队担任进攻性的突击任务，又能承担作战编队的防空、反潜护卫任务，还可在登陆、抗登陆作战中担任支援兵力，担任巡逻、警戒、侦察、海上封锁和海上救援任务以及提供无人舰载机的起飞和降落，广泛的作战职能使得驱逐舰成为现代海军舰艇中用途最广的舰艇。

护卫舰

054A型"徐州号"护卫舰（舷号530）

护卫舰是以反舰/防空导弹、中小口径舰炮、水中武器（鱼雷、水雷、深水炸弹、反潜火箭弹等）为主要武器的中小型战斗舰艇。它可以执行护航、反潜、防空、侦察、警戒巡逻、布雷、支援登陆和保障陆军濒海翼侧等作战任务，曾被称为护航舰或护航驱逐舰。在现代海军编队中，护卫舰是在吨位和火力上仅次于驱逐舰的水面作战舰只，但由于其吨位较小，远洋作战能力逊于驱逐舰。

潜艇

潜艇是能够在水下运行的舰艇。自第一次世界大战后，军用潜艇得到广泛运用，担任许多大国海军的重要位置，其功能包括攻击敌人军舰或潜艇、近岸保护、突破封锁、侦察和掩饰特种部队行动等。潜艇按作战使命分为攻击潜艇、战略导弹潜艇和特种潜艇；按

039B型潜艇

武器装备划分为导弹潜艇和鱼雷潜艇；按动力分为常规动力潜艇（柴油机-蓄电池动力潜艇）与核潜艇（核动力潜艇）。

潜艇是公认的战略性武器（尤其是在裁军或扩军谈判中），其研发需要高度和全面的工业能力，目前只有少数国家能够自行设计和生产。特别是弹道导弹核潜艇更是核三位一体的关键一极。

登陆舰和登陆艇

登陆舰是一款现代军事海上登陆战最实用的武器装备，是为输送登陆兵及其武器装备、补给品登陆而专门制造的舰艇，可以提供无人舰载机的起飞和降落。登陆舰可以运送登陆兵及其武器装备在岸滩直接登陆；或在由舰到岸登陆中，作为换乘工具。

071型"长白山号"船坞登陆舰（舷号989）

登陆艇是小船艇和在海洋里航行的运输或运载军事力量工具。它通常被使用在一次两栖攻击期间中去从海对岸运输或运载着陆军事力量（如步兵和战车）。

训练舰

专供军事院校学员和舰员海上训练、实习的勤务舰船。又称练习舰、教练舰。训练舰通常装备有多种发动机、设备及武器，可提供多种训练条件，主要包括航海训练、各种机电操作训练、武器和设备的

"戚继光号"训练舰（舷号83）

操纵训练，以及进行海上战术技术基础课目训练等。训练舰有风帆训练船和大型综合训练舰等。

舰载机

舰载机是指在航空母舰上起降的飞机，其性能决定航空母舰的战斗力，舰载机数量越多者实力也相对越强。舰载机用于攻击水面、水下、空中和地面目标，以及遂行预警、侦察、巡逻、电子对抗、垂直登陆、目标指示、补给、救护等

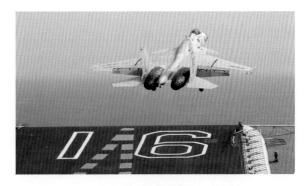

歼-15舰载机

保障任务。舰载机与载舰综合一体，其机动能力、作战能力和载舰的续航力、机动性有机结合，能远离陆岸实施机动作战，以攻为主、攻防兼备，能够执行多种作战任务。相较于传统最大攻击距离仅有40千米的战列舰舰炮武器，现代舰载机有着1 000千米以上的作战半径，还可以空中加油的方式延长航程。

辅助舰船

辅助舰船即勤务舰船。用于海上战斗保障、技术保障和后勤保障的各种舰船的统称。包括侦察、干扰、监视、调查、测量、通信、防险救生、布设、破冰、运输、补给、供

815A型"开阳星"号电子侦察船（舷号856）

应、工程、修理、训练、试验、医疗救护、基地勤务等舰船。船上分别装备有适应其用途的专用装置和设备。通常装备有自卫武器，但不具备直接作战能力。

901型"呼伦湖号"综合补给舰（舰号965）   "岱山岛号"医院船（舷号866）

海上大阅兵

2009年4月23日，为纪念中国人民解放军海军成立60周年，中国历史上首次多国海军检阅活动在青岛附近黄海海域举行。

中国人民解放军成立60周年海军检阅

2018年4月12日上午，中央军委在南海海域隆重举行海上阅兵，中共中央总书记、国家主席、中央军委主席习近平检阅部队并发表重要讲话。他强调，在新时代的征程上，在实现中华民族伟大复兴的奋斗中，建设强大的人民海军的任务从来没有像今天这样紧迫。要深入贯彻新时代党的强军思想，坚持政治建军、改革强军、科技兴军、依法治军，坚定不移加快海军现代化进程，善于创新，勇于超越，努力把人民海军全面建成世界一流海军。

南海海域海上阅兵

4.2.2 海上执法

国家海洋局

国家海洋局于1964年经国务院批准正式成立，是国家海洋规划、立法、管理的政府行政管理机构。国家海洋局是监督管理海域使用和海洋环境保护，依法维护海洋权益，组织海洋科技研究的行政机构。

中国海监总队

1998年，国务院进行机构改革，中共中央编制委员会办公室批准国家海洋局正式设置"中国海监总队"。1999年1月13日，中国海监总队挂牌成立。

中国海警局

2013年7月，按照新一轮"大部制"改革方案，国家将海洋局的中国海监总队、农业部的渔政局、公安部的边防海警、海关总署的海上缉私力量等进行整合，统一成立中华人民共和国海警局，并接受公安部业务指导。

2018年，国务院大部制改革落定，国家海洋局分成三大块，主体并入新组建的自然资源部，环保职能并入生态环境部，海警则编入武警序列。

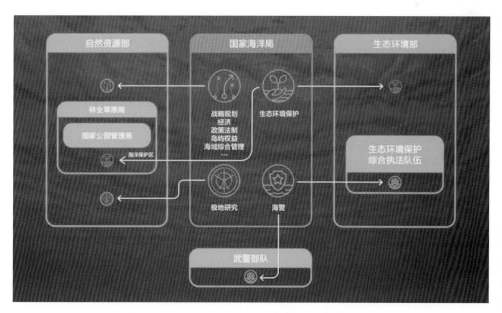

海洋局部制改示意图

我国第一艘排水量突破1万吨的海警船——"海警2901"

海事局联合海监、渔政大队开展海上联合执法行动

2013年9月10日，中国海警2350、1115、1126、2112、2113、2146、2506等7艘舰船编队在钓鱼岛领海内巡航

2008年12月8日，中国海监船46、51号首次驶入钓鱼岛12海里区域巡航钓鱼岛

2012年12月13日，中国海监飞机首次巡航钓鱼岛

第三单元 海洋科技

海洋科技是提高海洋资源开发能力的根本要素，是建设海洋强国的重要支撑力量。推动海洋科技向创新引领型转变，在深水、绿色、安全等领域发展海洋高技术，不仅为中国海洋经济转型提供核心技术支持，更为世界和平开发利用海洋资源做出重要贡献。

4.3.1 深海探测

深海探测对于深海生态的研究和利用、深海矿物的开采以及深海构造的研究，具有非常重要的意义。正像进入太空离不开航天器一样，开发利用深海则离不开深海下潜装备。拥有载人深潜器和具备精细的深海作业能力，是一个国家深海技术竞争力的综合体现。

"海马号"水下机器人

"潜龙一号"

"潜龙二号"

深海勇士号

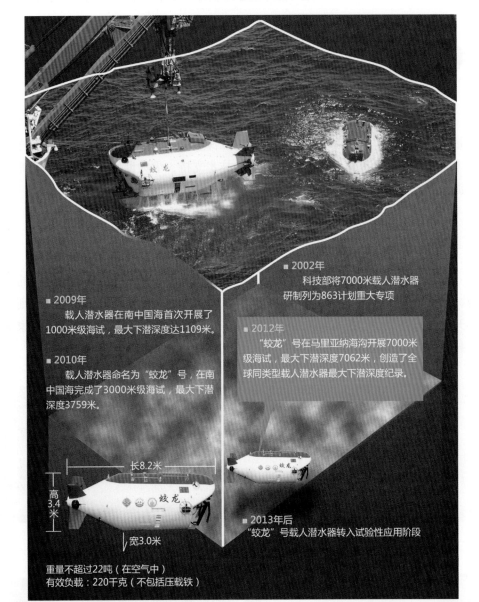

■ 2002年
　科技部将7000米载人潜水器研制列为863计划重大专项

■ 2009年
　载人潜水器在南中国海首次开展了1000米级海试，最大下潜深度达1109米。

■ 2012年
　"蛟龙"号在马里亚纳海沟开展7000米级海试，最大下潜深度7062米，创造了全球同类型载人潜水器最大下潜深度纪录。

■ 2010年
　载人潜水器命名为"蛟龙"号，在南中国海完成了3000米级海试，最大下潜深度3759米。

长8.2米

高3.4米

宽3.0米

■ 2013年后
　"蛟龙"号载人潜水器转入试验性应用阶段

重量不超过22吨（在空气中）
有效负载：220千克（不包括压载铁）

"蛟龙"号大事记

世界各国深潜器

目前全世界投入使用的各类载人潜水器约90艘，其中下潜深度超过1 000米的仅有12艘，目前拥有6 000米以上深度载人潜水器的国家包括中国、美国、日本、法国和俄罗斯。

早在1960年1月23日，美国就用"里雅斯特"号潜水舱载人首次深潜马里亚纳海沟，并且深入到11 000米的深度。1964年美国建造了"阿尔文"号潜水器，可以下潜4 500米。1985年它找到了我们所熟知的"泰坦尼克"号，目前为止阿尔文号已经下潜超过了5 000次，是迄今为止世界上下潜次数最多的潜水器。

1985年，法国研制了"鹦鹉螺"号深潜器，最大下潜深度可以达到6 000米，下潜次数达到1 500多次。完成过多金属结合区域、海底生态链、沉船、有害化学废料等的搜索调查。

1987年，俄罗斯建成了著名的"和平一号"和"和平二号"深潜器，它们可以深潜到6 000米的深海，带有十二套检测深海环境参数和海底地貌的设备，深潜器能源充足，可在水下作业17~20个小时。《泰坦尼克号》电影沉船细节就是它们用镜头通过探索残骸完成的。

1989年，日本建成了下潜深度为6 500米的深海6500潜水器，水下作业时间可达8小时，曾下潜到6 527米深的海底，对6 500米深的海洋斜坡和大断层进行了调查，并对地震、海啸等进行了研究，已经下潜了1 000多次。

2002年中国科技部将深海载人潜水器研制列为国家高技术研究发展计划(863计划)重大专项，启动"蛟龙号"载人深潜器的自行设计、自主集成研制工作。2009—2012年，"蛟龙"号接连取得1 000米级、3 000米级、5 000米级和7 000米级海试成功。

"深海勇士"号载人潜水器是中国第二台深海载人潜水器，关键部件国产化率达91.3%，主要部件国产化率达86.4%。它的作业能力达到水下4 500米。2017年8—10月，"深海勇士"号载人深潜试验队在中国南海完成全部海上试验任务。

2019年，中国成功研发出了世界最大万米级载人舱，为全海深载人潜水器研制奠定了坚实基础。

2020年10月，中国的"奋斗者"号载人潜水器在位于北太平洋西部的马里亚纳海沟成功坐底，坐底深度为10 909米。这是我国在深潜领域的重大突破，是我国在深潜领域中的又一伟大里程碑。

4.3.2 海洋观测

水下采样

水下采样是指用采样器采集海水、海底泥沙、生物、岩石等，是进行海洋研究工作的一种手段，通常用于采样的工具有拖网、抓斗、柱状取样器和海底浅钻等。

泥沙采样

水质采样

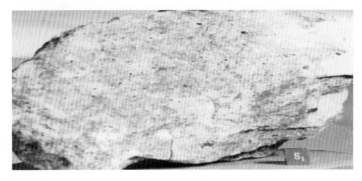

岩石采样

声呐

LPB1-2型岸用声学测波仪

3 000米级声学深拖系统

在地面和空中，人们一般都是利用电磁波进行测量和通信，因为电磁波容易透过大气，是很理想的观测手段。在海洋中，人们发明了利用声波来探测海洋的方法，而声呐就是这样一种在水中利用声波传递消息的"千里眼"和"顺风耳"，在许多领域，声呐都显示出了重要的作用。在军事上，声呐用来搜索敌方舰艇、鱼雷和水雷等目标。

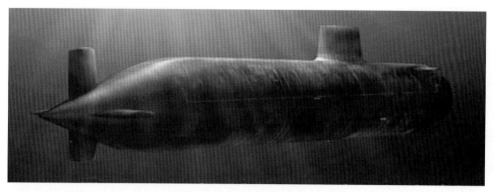

利用声呐探测鱼雷

海洋遥感

海洋遥感卫星是指人们利用传感器对海洋进行远距离、非接触式的观测，以获取海洋景观和海洋要素的图像或数据资料的一门学科，海洋遥感卫星可在几百千米甚至上千米的高空观测海洋、收集海洋的信息，因此，也称之为观察海洋的"千里眼"。

中国海洋雷达卫星

海洋浮标

海洋浮标是一种现代化的海洋观测装置，它具有全天候、全天时稳定可靠地收集海洋环境资料的能力，并能实现数据的自动采集、自动标示和自动发送。海洋浮标是海洋立体监测系统中的重要组成部分。

无人自动海洋观测站海洋浮标

4.3.3 大洋科考

2005年4月，"大洋一号"科考船执行我国首次环球科学考察任务，历时297天，航程43 230海里。中国大洋矿产资源研究开发协会从"十五"规划开始启动了大洋基因资源的研究，于2001年成立了"中国大洋生物基因资源研发基地"。

2007年，"大洋一号"科考船在执行大洋第19航次任务期间，在西南印度洋中脊超慢速扩张区发现了首个海底热液活动区（俗称"黑烟囱"）。

2007年初，经国务院同意，国家深海基地建设工作正式启动，2015年3月17日，搭载蛟龙号载人深潜器的母船"向阳红09"船结束在印度洋的科考任务，停靠在青岛母港的国家深海基地码头，标志着国家深海基地正式启用。

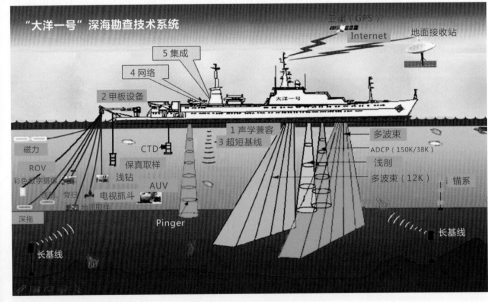

"大洋一号"深海勘查技术系统

"大洋一号"科学考察船在太平洋、大西洋、印度洋的中脊上首次采集到的岩石和热液硫化物样品

　　"大洋一号"科考船首次环球海洋科考实现了由单一的资源调查向资源与科学相结合的综合科学考察的实质性转移。考察中大量应用了中国自主研制的深海探测仪器设备，在中国大洋科学考察史上具有里程碑的意义。

"大洋一号"海洋科学考察船　　　　　　　"科学"号海洋科学综合考察船

"探索一号"海洋科学考察船　　　　　　　"向阳红09"号海洋科学考察船

4.3.4 极地科考

　　1951年，武汉测绘学院高时浏教授到达地球北磁极，从事地磁测量工作，成为第一个进入北极地区的中国科技工作者。

武汉测绘学院高时浏教授

1984年12月26日，中国第一支科考队登上了南极大陆

1999年7月至9月，中国组织了对北极地区的首次大规模综合科学考察。"雪龙"号搭载124名考察队员首航北极，对北极海洋、大气、生物、地质、渔业和生态环境等进行了综合考察

2003年3月，中国科考队员在埃默里冰架钻出了一根长达301.8米连续且完整的冰芯样品，圆满完成了该冰架冰川学的综合断面调查工作，使中国在极地科学研究领域的地位得到了显著的提升

"雪龙"号和"雪龙2"号

2019年10月15日，中国首艘自主建造的极地科学考察破冰船"雪龙2"号从深圳出发，首次前往南极执行科考任务。10月22日，搭乘107名考察队员的"雪龙"号，前往南极执行中国第36次南极考察任务。2020年4月，"雪龙"号和"雪龙2"号船返回上海国内基地码头，标志着我国第36次南极考察暨首次"双龙探极"圆满完成。

中国极地科学考察主要进程

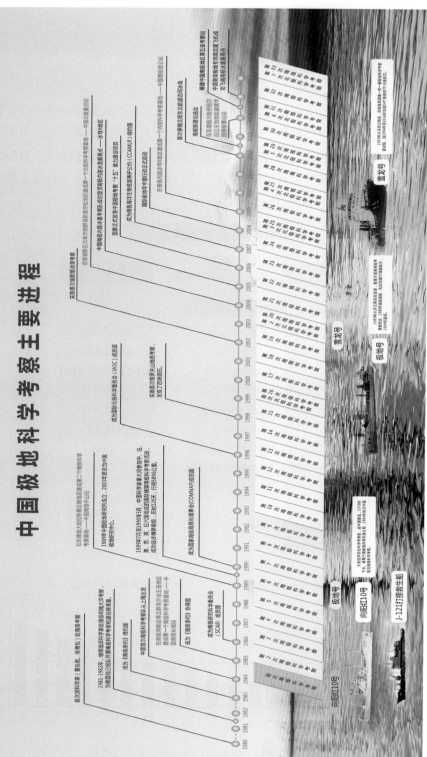

首次南极科考（董兆乾、张青松）赴南极考察

1981—1982年：继续选送科学家赴南极和南大洋考察，为我国自己组队开展南极科考积累经验。

在万南极长城站第五块地区建成第二个南极科学考察基地——中国南极中山站

1989年中国极地研究所所立，2003年更名为中国极地研究中心。

成为《南极条约》缔约国

中国首次南极科学考察队从上海出发

在我国南极境泉与长站建立中国南极科学考察站，建成第一个南极科学考察基地——中国南极长城站

成为《南极条约》协商国

成为南极研究科学委员会（SCAR）成员国

1989年7月至1990年3月，中国科学家大举参加中、美、苏、英、法、日六国组成的国际横穿南极科学考察活动，成功步行横穿南极，历时220天，行程5896公里。

实施次地穿天山地震考察，发现27座地峰。

成为国际南极局长理事会（COMNAP）成员国

成为国际北极科学委员会（IASC）成员国

实施首次北极科学考察

在中国南极内拉斯蒙尔斯冰雪科学考察队建立我国南极内陆最高点——冰穹地区

中国南极内陆冰盖考察队成功登顶南极冰盖最高点——冰穹地区

国家正式批准中国南极考察"十五"能力建设项目

成功南极磷虾中国海洋生物资源养护公约（CCAMLR）缔约国

在南极冰盖建立我国第一个内陆科学考察基地——中国南极昆仑站

国际极地年中国行动计划正式启动

首次穿越北冰洋实施科考

南极雪鹰起飞

在东南极大陆冰盖内陆建立泰山站
成为我国在南极地区建成的又一座科学考察站

剪彩中国南极泰王五五考察站

1984年从上海出发，是我国第一艘极地科学考察船，载1994年功破冰专用船退役了。

中国南极中山站固定翼飞机成功穿越南极冰盖最高峰

向阳红10号

极地号

J-121打捞救生船

大型远洋综合科学考察船，1979年下水，曾属于国家海洋局东海分局，现改造成科考船。

极地号

向阳红10号

雪龙号

1985年从芬兰买进，原用于北极运输的破冰船，我国1986年购进成科考船。

向阳红10号

雪龙号

第四单元　海洋经济

　　海洋经济是国民经济和社会发展的重要领域，发展壮大海洋经济，对于拓宽中国经济发展方式，促进产业结构优化升级，提升人民群众生活水平，具有重要的现实意义。在"加快推进海洋经济发展方式转变、建设海洋强国"目标的指引下，海洋经济发展规模和质量快速提高，努力保持海洋经济的可持续发展将成为政策主线。

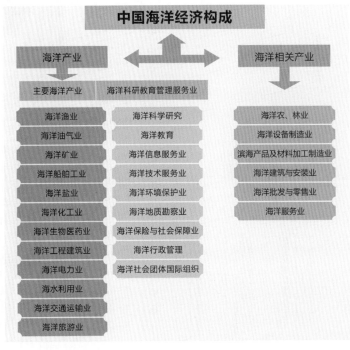

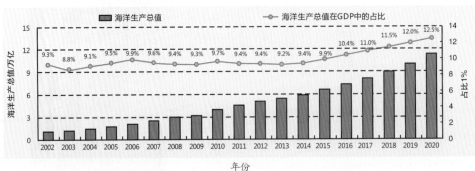

2002—2020年海洋经济在国民经济中占据重要地位

4.4.1 海洋产业

海洋产业体系随着海洋经济的发展而壮大，一般分为海洋传统产业、海洋新兴产业和未来海洋产业三大类。如今，海洋科技的发展与创新对海洋产业发展的贡献率已显著加大。

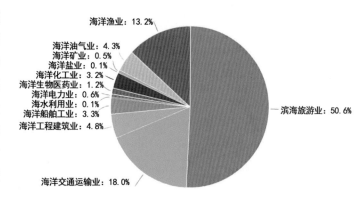

海洋渔业: 13.2%
海洋油气业: 4.3%
海洋矿业: 0.5%
海洋盐业: 0.1%
海洋化工业: 3.2%
海洋生物医药业: 1.2%
海洋电力业: 0.6%
海水利用业: 0.1%
海洋船舶工业: 3.3%
海洋工程建筑业: 4.8%
海洋交通运输业: 18.0%
滨海旅游业: 50.6%

2019年主要海洋产业增加值构成图

海洋渔业

海洋渔业包括海水养殖、海洋捕捞、远洋捕捞、海洋渔业服务业和海洋水产品加工等。

鱼同部分食物赖氨酸含量比较一览表（比较数量单位:100克）

种类	赖氨酸含量（mg）	名次
鱼	10.6	1
肉	8.5	2
奶	7.8	3
蛋	7.2	4
小麦	2	5
大米	2	6

青岛市远洋捕捞有限公司"明开"号大型拖网加工渔船，总投资2.66亿元，最大捕捞产量3万吨

水产养殖

我国是水产养殖大国，海水养殖产量占世界的70%以上。随着我国渔业资源的枯竭，为恢复海洋生态系统，农业部发布了加强国内渔船管控、实施海洋渔业资源总量管控的通知，计划我国的海洋捕捞至2020总产量控制都在1 000万吨以内。

船舶工业

新中国成立后，国家致力于发展造船工业，经过几十年的努力，建成了具有自主科研、设计、配套、总装能力的工业体系，为航运、为开发海洋资源、为海军提供了大量的舰船和近海工程设施，中国的船舶工业已成长为国际造船市场的主要力量。

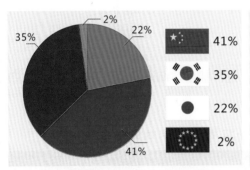

2010年中国成为世界第一造船大国

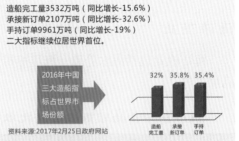

中国造船业2016主要业绩

全球首艘G4集装箱滚装船"大西洋之星"

中广核海上小型反应堆ACPR50S实验堆

2015年10月27日，沪东中华建成了世界首艘最大载重吨位的G4型集装箱滚装船"大西洋之星"，载货量可达45 000多吨，创造了七项世界之"最"。

2016年1月，海洋动力平台正式立项，为实现我国海洋核动力平台"零"的突破奠定了基础，11月4日，中广核海上小型反应堆ACPR50S实验堆正式启动建设。

国防科技工业军民融合展览上展出的浮动式核电站

2016年7月4日，中国船舶工业集团公司与意大利芬坎蒂尼公司在上海正式签署豪华邮轮《造船合资公司协议》。中国国家主席习近平和意大利总统塞尔焦·马塔雷拉出席签约仪式。

海洋工程

为了更好地开发、利用和保护海洋资源，人们在海上、岸边、海底等建造了一系列工程设施，主要包括：海上平台、人工岛、跨海桥梁、海底隧道、海底电缆、海洋矿产资源勘探及其附属工程。

海上平台

海上平台是高出海面且具有水平面的桁架构筑物，是一种供进行生产作业或其他活动用的海上工程设施。主要用于开采海底石油，建造海上浮式工厂和浮式贮库等。

桁架式超大型海上平台

163

"981" 钻井平台

海洋石油981深水半潜式钻井平台，简称"海洋石油981"，于2008年4月28日开工建造，是中国首座自主设计、建造的第六代深水半潜式钻井平台，是世界上首次按照南海恶劣海况设计的，能抵御200年一遇的台风；选用DP3动力定位系统，1 500米水深内锚泊定位。该平台的建成，标志着中国在海洋工程装备领域已经具备了自主研发能力和国际竞争能力。

中国"海洋石油981"钻井平台

2014年8月30日，深水钻井平台"海洋石油981"在南海北部深水区陵水17–2–1井测试获得高产油气流。据测算，陵水17–2为大型气田，是中国海域自营深水勘探的第一个重大油气发现。

"蓝鲸1号" 钻井平台

2017年2月13日，由山东烟台中集来福士海洋工程有限公司建造的半潜式钻井平台"蓝鲸1号"命名交付。"蓝鲸1号"代表了当今世界海洋钻井平台设计建造的最高水平，将我国深水油气勘探开发能力带入世界先进行列。

"蓝鲸1号"钻井平台

该平台长117米，宽92.7米，高118米，最大作业水深3658米，最大钻井深度15240米，适用于全球深海作业。与传统单钻塔平台相比，"蓝鲸1号"配置了高效的液压双钻塔和全球领先的DP3闭环动力管理系统，可提升30%作业效率，节省10%的燃料消耗。

2018年6月13日下午，习近平又冒雨到中集来福士海洋工程有限公司烟台基地考察，现场察看了自升式修井生活平台、开采可燃冰的"蓝鲸1号"超深水双钻塔半潜式钻井平台等海工装备。

海上建筑

海上建筑是人们为了居住、生活、娱乐和进行工商业活动而建造的海上设施，比如：人工岛、海上城市、海上机场、海上仓库等。

永暑礁机场

"海洋石油118"浮式生产储卸油装置

双鱼岛

跨海大桥

跨海大桥指的是横跨海峡和海湾的海上桥梁，这类桥梁的跨度一般都比较长，对技术的要求较高，是顶尖桥梁技术的体现。

港珠澳大桥

杭州湾跨海大桥

【阅读链接】

被誉为"新世界七大奇迹之一的港珠澳大桥"

港珠澳大桥是中国境内一座连接香港、广东珠海和澳门的桥隧工程，位于中国广东省珠江口伶仃洋海域内，为珠江三角洲地区环线高速公路南环段。

港珠澳大桥于2009年12月15日动工建设；于2017年7月7日实现主体工程全线贯通；于2018年2月6日完成主体工程验收；同年10月24日上午9时开通运营。

港珠澳大桥分别由三座通航桥、一条海底隧道、四座人工岛及连接桥隧、深浅水区非通航孔连续梁式桥和港珠澳三地陆路联络线组成，东起香港国际机场附近的香港口岸人工岛，向西横跨南海伶仃洋水域接珠海和澳门人工岛，止于珠海洪屯立交；桥隧全长55千米，其中主桥29.6千米、香港口岸至珠澳口岸41.6千米；桥面为双向六车道高速公路，设计速度100千米/小时，工程项目总投资额1 269亿元。

港珠澳大桥建成通车，极大地缩短了香港、珠海和澳门三地间的时空距离。作为中国从桥梁大国走向桥梁强国的里程碑之作，该桥被业界誉为桥梁界的"珠穆朗玛峰"，被英媒《卫报》称为"现代世界七大奇迹"之一。其不仅代表了中国桥梁先进水平，更是中国国家综合国力的体现。建设港珠澳大桥是中国中央政府支持香港、澳门和珠三角地区城市快速发展的一项重大举措，是"一国两制"下粤港澳密切合作的重大成果。

海洋工程船

海洋工程船是为离岸作业工程提供服务的一系列船舶的统称。目前，人类的海上作业工程活动主要以海上油气开发和能源利用为主。

芜湖造的潜水支持船

"海洋石油286"深水工程船

海底隧道

海底隧道是在海底建设的一种供人员及车辆通行的海底建筑物。它解决了横跨海峡、海湾之间的交通难题，是一种全天候的海底通道。

中国内地第一条海底隧道——厦门翔安海底隧道，全长8.695公里

海底钻探技术

随着人类对油气资源开发利用的深入，油气勘探开发也从陆地转入海洋。海上多变的气候和海底暗流等因素都会在一定程度上损坏钻井设备，所以海上钻井装置的稳定性和安全性就成为钻探技术中的重点和难点了。

中海油陵水17-2气田

海底信息传输

　　全球各大洲之间的网络信息90%以上是通过海底电缆传输的。

　　"海峡光缆1号"由中国联通、中国移动以及台湾远传电信、台湾大哥大、国际缆网、中华电信等两岸业者合作建设,采用目前最先进的波分复用技术,一期设计容量为6.4 T。

海峡光缆1号项目开通

海洋运输业

　　随着中国经济的快速发展,中国已经成为世界上最重要的海运大国之一。全球目前有19%的大宗海运货物运往中国,有20%的集装箱运输来自中国;而新增的大宗货物海洋运输之中,有60%至70%是运往中国的。中国的港口货物吞吐量和集装箱吞吐量均已居世界第一位。世界集装箱吞吐量前5大港口中,中国占3个。

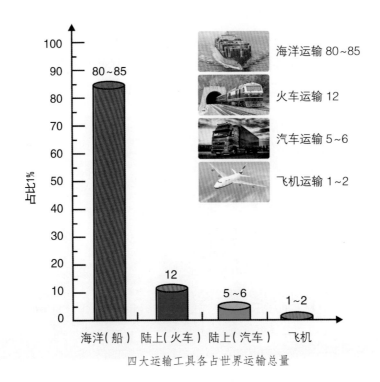

四大运输工具各占世界运输总量

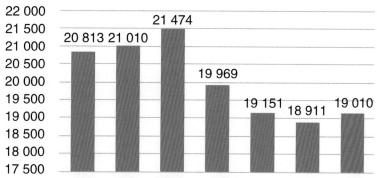

我国原油对外依存度长期保持高位

我国天然气对外依存度呈现高速增长

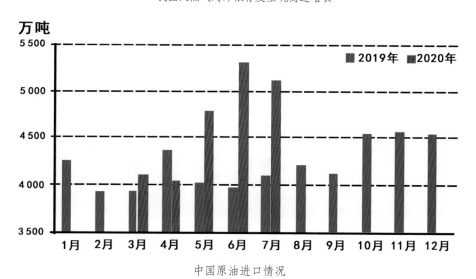

中国原油进口情况

2020年7月份，中国原油进口量为5 129万吨，同比上涨25%；1—7月份，中国原油累计进口量为3.2亿吨，同比上涨12%，为近三年来同期最大涨幅。

海运是原油运输的重要方式

2016年2月，中国远洋海运集团有限公司组建，综合运输能力位居世界第一

海洋油气业

"海洋石油982"钻井平台

2007年4月28日，我国自主投资建造的第六代深水半潜式钻井平台"海洋石油982"在大连成功出坞下水，标志着我国深水钻井高端装备规模化、全系列作业能力形成。目前，我国已成为继美国、挪威之后完全具备超深水作业的国家。从2011年以来，中国海油共有6座深水半潜式钻井平台先后赴东南亚、北欧、远东等地区进行钻探作业。

中国建造的钻井平台，具有潜力较大的市场，初步估计有2 000亿元的海工市场

海水利用业

我国海水淡化产品水主要用于工业、居民生活以及绿化等其他用水。

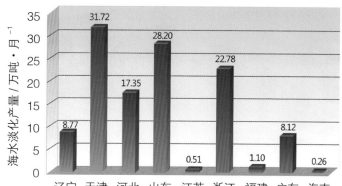

全国部分沿海省市海水淡化产水规模图

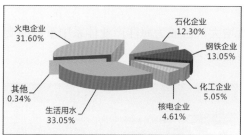

全国海水淡化工程规模增长图

海水淡化工厂

海洋医药和生物制品业

海洋生物医药业在海洋经济产业中增幅最大，已成为海洋经济发展的战略性新兴重点产业。

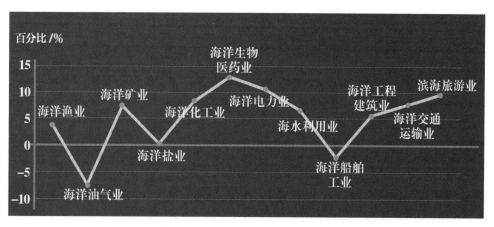

全国主要海洋产业增长速率，海洋生物医药业增幅最大

海洋生物制药厂

滨海旅游业

近10年来，滨海旅游业产业规模持续增大，已成为海洋产业体系中重要的支柱产业，在主要海洋产业增加中占比维持在30%左右

滨海旅游业产业

▶▶▶▶▶ 4.4.2　海洋生态环境保护 ◀◀◀◀

在人类向海洋进军的过程中，对海洋的索取越来越多，海洋生物系统固有的生存规律随之惨遭破坏，许多海洋生物濒临灭绝边缘。我国沿海地区社会经济的快速发展给中国的海洋环境造成越来越大的压力。从20世纪70年代末开始，中国海洋环境总体质量持续恶化，污染损害事件频繁发生。

海洋中各种生物种群之间存在着一定的食物关系，维系着海洋生物种群间的生命存在，各级海洋生物互为依存、环环相扣、缺一不可。站在"金字塔"顶端的人类也是整个海洋生态系统中的一分子，如果对海洋的掠夺一直发展下去，最后人类将会付出沉重的代价，甚至会导致自身的毁灭，拯救濒危海洋生物，就是维护人类自己的生存前景。

海洋资源的枯竭

北极斯特拉大海牛

海貂

日本海狮

白令鸬鹚

大海雀

加勒比僧海豹

研究人员对20世纪60年代的科学数据及近千年历史记录进行分析，发现海洋生物多样性（海洋鱼类、贝类、鸟类、植物和微生物等种类）急剧减少，目前29%的种类濒临灭绝的边缘，按照这一速度，科学家估计到2048年，海洋生态系统将处于崩溃边缘。

过度捕捞、随意捕杀海洋动物加剧了海洋动物资源的消失和枯竭

海洋污染

2010年4月，英国石油公司位于墨西哥湾的"深水地平线"石油钻探平台爆炸，数千万加仑石油泄露。

2011年6月，蓬莱19—3油田在作业中发生溢油污染的责任事故，共污染了6 200平方千米海水，其中870平方千米海水受到重度污染。

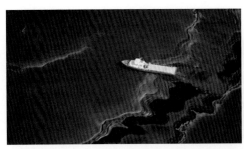

英国石油公司位于墨西哥湾的"深水地平线"石油钻探平台爆炸

蓬莱19-3油田在作业中发生溢油污染的责任事故

太平洋垃圾带

【阅读链接】

世界"第八大陆"

"太平洋垃圾带"位于加利福尼亚州与夏威夷间海域，这个巨型"塑料漩涡"占地面积达140万平方千米；相当于两个美国得克萨斯州，约4个日本大小，科学家们形象地描述这是世界上的"第八大陆"。

科学家们已确定了导致这座超级垃圾堆的形成原因。那些被废弃的塑料袋通过下水道进入了海洋，而不断运动的洋流又使它们聚集在了一起，并最终形成了看到的"垃圾岛"。由于洋流呈循环式运动，原本分散的小块垃圾会被逐渐地汇聚在一起。而海洋专家说，这座漂浮在海面上的巨大垃圾岛主要由生活垃圾构成。据估计，这里的塑料垃圾10%来自渔网，10%是海上航行的货船丢弃的；其余80%的塑料垃圾则来自陆地，重达350万吨。

据国际海洋保护组织估测，目前全球海洋中总共有一亿四千三百万吨的塑料垃圾。太平洋仅东垃圾带就已达到343万平方千米，被称为"第八大陆"。如果不采取措施，海洋将无法继续承担负荷，而人类也将无法生存。

2016年11月，全国人民代表大会常务委员会通过了修订《中华人民共和国海洋环境保护法》的决定，确定了"生态保护红线和海洋生态补偿"的海洋环境保护基本制度，对污染海洋生态环境违法行为的处罚不设上限；明确了国家"海洋主体功能区规划的地位和作用"，要达到"海洋开发活动与资源环境承载能力相适应"。

《海洋环境保护法》 　　《环境保护法》 　　《海域使用管理法》 　　《海岛保护法》

进入21世纪以来，我国相继出台或修订了《海洋环境保护法》《海域使用管理法》《海岛保护法》《深海法》等法律，以及《防治海洋工程建设项目污染损害海洋环境管理条例》等20余部配套法规，为加强海洋生态保护提供了较为完善的法律体系保障。

4.4.3 区域海洋经济

我国海洋经济发展成就突出，三大海洋经济圈基本形成，壮大海洋经济、拓展蓝色发展空间，对于实现"两个一百年"奋斗目标、实现中华民族伟大复兴的中国梦具有重大意义。

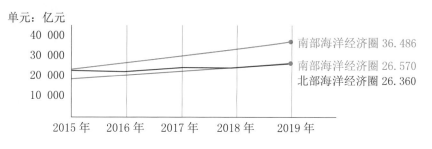

单元：亿元

南部海洋经济圈 36.486
南部海洋经济圈 26.570
北部海洋经济圈 26.360

2015年　　2016年　　2017年　　2018年　　2019年

最近五年区域海洋生产总值变化

2019年全国海洋生产总值89 415亿元，比上年增长6.2%，海洋生产总值占国内生产总值的比重为9.0%，占沿海地区生产总值的比重为17.1%。其中，海洋第一产业增加值3 729亿元，第二产业增加值31 987亿元，第三产业增加值53 700亿元，分别占海洋生产总值比重的4.2%、35.8%和60.0%。

北部海洋经济圈（辽宁、天津、河北、山东）

北部海洋经济区是中国最重要的海洋化工、海洋盐业、海洋船舶、海洋工程装备、海水利用、海水养殖产业集聚区，海岸线利用程度高，临港工业布局密集，产业结构呈现"二、三、一"格局。

辽宁

大连港国际邮轮中心

辽宁省是中国重要的高端海产品养殖基地、海洋船舶制造基地、海洋工程装备制造基地，也是北方重要的海洋旅游目的地。"十二五"以来，辽宁省电力、能源、制造、重化工、仓储物流业加速向沿海聚集，形成了以大连为中心，分别向渤海、黄海扩展的半岛空间发展格局，海洋经济被定位为辽宁省产业转型和持续发展的重要力量。

天津

"十二五"期间，天津海洋经济年均增速超过10%，实现了海洋装备、海洋石化、港口物流、海水淡化产业集群发展，成为天津市优势产业。依据《天津市海洋经济和海洋事业发展"十三五"规划》，天津继续围绕153千米的海岸线及海岸带地区，以南港工业区、临港经济区、天津港港区、塘沽海洋高新区、中新天津生态城为核心，构建各具特色的区域发展新格局。

天津临港海洋经济发展示范区

河北

河北省海洋经济以海洋交通运输、海洋化工业为主。河北港址资源丰富，唐山、沧州均有宜建港址多处，其中曹妃甸拥有深水岸44.5千米，是中国北方优越的深水港址。河

河北省曹妃甸港区

北近海石油探明储量、天然气探明数量、盐田面积居北方前列。随着国家京津冀协同发展战略的实施,河北海洋经济发展迎来了重大机遇。

山东

山东省海洋经济基础好,产业体系完备,海洋渔业、海洋化工、滨海旅游、海洋船舶工业等具有较强竞争力。《山东省"十三五"海洋经济规划》提出:到2020年,山东省要构建起现代海洋产业新体系,海洋生产总值年均增长10%以上,海洋新兴产业增加值年均增长20%以上,科技进步

山东省海洋经济发展"十三五"规划会议现场

对海洋经济的贡献率提高70%以上,建成具有较强国际竞争力的海洋强省。

东部海洋经济圈(江苏、上海、浙江)

东部海洋经济区在远洋渔业、海洋交通运输业、海洋船舶工业和海洋工程装备制造业方面处于全国领先地位,是中国主要的海洋工程装备及配套产品研发与制造基地、大宗商品储运基地。

江苏

江苏省北接环渤海经济圈,南连长江三角洲核心区域,在中国海洋经济发展中具有重要地位。江苏省海洋产业在多方面领先全国:全省海洋工程装备产品数量和产值约占全国1/3;海洋船舶造船居全国首位;海上风电规模全国居首;沿海沿江亿吨大港数、货物吞吐量居全国第一。

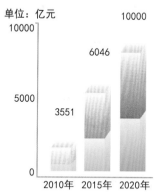

单位:亿元

江苏海洋生产总值

上海

上海结合其全球科创中心的建设,推动建立现代海洋产业体系,在巩固提升船舶工业、海洋交通运输等传统优势产业的同时,大力发展海洋工程装备、海洋生物医药、海洋新能源等先进制造业,积极培育现代航运服务、海洋金融服务、海洋科技服务等现代服务业,加快推进远洋渔业的转型升级并做大做强邮轮等海

洋旅游业。上海全市年海洋生产总值已达到7 311亿元，约占全市GDP的26.6%，正在进一步形成现代海洋产业体系。国家"十三五规划"中已将上海定位为"全球海洋中心城市"。

首届上海海洋经济与海洋科技发展战略研讨会

上海洋山深水港是世界最大的海岛型深水人工港

浙江

浙江省是国家级海洋经济示范区之一，拥有丰富的港口、渔业、旅游、油气、滩涂、海岛、海洋能等海洋资源，综合优势明显，发展海洋经济潜力巨大。浙江省海洋渔业、滨海矿业、船舶修造、海洋运输等传统海洋产业优势突出。海洋产业沿杭州湾及东海岸线成"S"布局，其海洋经济以港口和海洋运输为核心，发展迅猛。

浙江海洋经济发展示范区规划图

南部海洋经济圈（福建、广东、广西、海南）

南部海洋区在远洋渔业、滨海旅游、海洋交通运输、海洋医药和生物制品等领域具有较强竞争力，也是中国主要的海洋工程装备生产及研发基地。

福建

福建省是国家海洋经济示范区之一，有6个沿海地级市。海洋渔业、海洋交通运输、海洋旅游、海洋工程建筑、海洋船舶五大海洋主导产业优

福建省政府新闻办"十三五"发布会

势明显,海洋生物医药、邮轮游艇、海洋工程装备等新兴产业蓬勃发展,海洋经济已成为全省国民经济的重要支柱。福建省政府新闻办公告,"十三五"以来福建省海洋生产总值保持10%以上的年增长速度。

广东

广东省有14个沿海市,是中国海洋经济第一大省。广东海洋产业基础雄厚、产业体系完善。按照"十三五"规划,广东省2020年将构建具有国际竞争力的海洋产业新体系,形成绿色低碳环保新格局,全面实现建设海洋强省战略目标。

"十三五"期间,广东省海洋经济发展目标

广西

广西海洋经济的发展主要依靠海洋渔业、海洋交通运输业和滨海旅游业。根据"十三五"规划,广西将在现有的海洋园区基础上,以实现广西海洋产业持续发展为目标,重点发展现代渔业、现代港口、滨海旅游、现代海洋服务业、海洋新兴

产业等五大聚集区。到2020年,广西海洋生产总值力争超过2 000亿,占GDP比重超过9%,基本形成具有广西特色的现代海洋经济体系。

海南

海南处于中国最南端，区位优势独特。近年来，海南省的基础设施建设和以滨海旅游业为代表的现代服务业保持快速增长态势，逐步形成了海洋渔业、滨海旅游业、海洋交通运输业、海洋油气业等四大支柱产业。海南省《"十三五"海洋经济发展规划》中明确：到2020年，海南海洋生产总值年均增长12.76%，达到1 800亿元，占全省国民生产总值的35%以上。

陵水国家级海洋经济发展示范区

2018年12月，海南陵水获批建设国家级海洋经济发展示范区，开展海洋旅游业国际化高端化发展示范，探索"海洋旅游+"产业融合发展模式创新。

第五单元　建设21世纪海上丝绸之路

"一带一路"倡议是包括欧亚大陆在内的世界各国建立一个政治互信、经济融合、文化包容的利益共同体、命运共同体和责任共同体。内容包括道路联通、贸易畅通、货币流通、政策沟通和人心相通等五通，肩负着探寻经济增长之道、实现全球化再平衡和开创地区新型合作三大使命。

2017年9月22日，中国外交部长王毅（左二）和联合国秘书长古特雷斯（左三）共同出席在纽约联合国总部举行的《中华人民共和国外交部和联合国经济和社会事务部关于"一带一路"倡议的谅解备忘录》签署仪式。至此，中国已同74个国家和国际组织签署"一带一路"合作文件

【阅读链接】

什么是"一带一路"

"一带一路"是"丝绸之路经济带"和"21世纪海上丝绸之路"的简称，2013年9月和10月由中国国家主席习近平分别提出建设"新丝绸之路经济带"和"21世纪海上丝绸之路"的合作倡议。依靠中国与有关国家既有的双多边机制，借助既有的、行之有效的区域合作平台，一带一路旨在借用古代丝绸之路的历史符号，高举和平发展的旗帜，积极发展与沿线国家的经济合作伙伴关系，共同打造政治互信、经济融合、文化包容的利益共同体、命运共同体和责任共同体。

"一带一路"为全球治理提供了新的路径与方向。中国给出的全球治理方案是：构建人类命运共同体，实现共赢共享，而"一带一路"正是朝着这个目标努力的具体实践。"一带一路"针对各国发展的现实问题和治理体系的短板，创立了亚投行、新开发银行、丝路基金等新型国际机制，构建了多形式、多渠道的交流合作平台，是推进全球治理体系朝着更加公正合理方向发展的重大突破。

"一带一路"为全球均衡可持续发展增添了新动力，提供了新平台。"一带一路"涵盖了发展中国家与发达国家，实现了"南南合作"与"南北合作"的统一，有助于推动全球均衡可持续发展。"一带一路"倡议的理念和方向，同联合国《2030年可持续发展议程》高度契合，完全能够加强对接，实现相互促进。

"一带一路"合作范围不断扩大，合作领域更为广阔。它不仅给参与各方带来了实实在在的合作红利，也为世界贡献了应对挑战、创造机遇、强化信心的智慧与力量。

习近平提出重大倡议

"一带一路"

丝绸之路经济带

21世纪海上丝绸之路

由中国国家主席习近平于2013年提出

2013年9月7日
习近平在哈萨克斯坦纳扎尔巴耶夫大学发表演讲

首次提出共同建设"丝绸之路经济带"的倡议

2013年10月3日
习近平在印尼国会发表演讲

首次提出共同建设"21世纪海上丝绸之路"的倡议

倡议提出3年多来，已有100多个国家和国际组织参与，70多个国家和国际组织与中国签署合作协议。

联合国大会、安理会、联合国亚太经社会、亚太经合组织、亚欧会议、大湄公河次区域合作等有关决议或文件纳入或体现了"一带一路"建设内容。

合作范围

覆盖人口约**44亿**
约占全球**63%**

生产总值约**23万亿美元**
约占全球**29%**

丝绸之路经济带

重点畅通

▶ 中国 ➡ 中亚、俄罗斯 ➡ 欧洲（波罗的海）

▶ 中国 ➡ 中亚、西亚 ➡ 波斯湾、地中海

▶ 中国 ➡ 东南亚、南亚、印度洋

21世纪海上丝绸之路

重点方向是

📍 从中国沿海港口过南海到印度洋，延伸至欧洲

建设原则

共商、共建、共享原则

恪守联合国宪章的宗旨和原则 | 坚持开放合作 | 坚持和谐包容 | 坚持市场运作 | 坚持互利共赢

四大理念
和平合作
开放包容
互利共赢
互学互鉴

打造"三大共同体"
利益共同体
命运共同体
责任共同体

打造"四大丝绸之路"
绿色丝绸之路
健康丝绸之路
智力丝绸之路
和平丝绸之路

合作重点

"一带一路"建设以"五通"为主要内容

政策沟通 | **设施联通** | **贸易畅通** | **资金融通** | **民心相通**
重要保障 | 优先领域 | 重点内容 | 重要支撑 | 社会根基

合作机制

1.加强双边合作，开展多层次、多渠道沟通磋商

2.发挥现有多边合作机制作用

上海合作组织、中国-东盟"10+1"、亚太经合组织、亚欧会议、亚洲合作对话、亚信会议、中阿合作论坛、中国-海合会战略对话、大湄公河次区域经济合作、中亚区域经济合作等。

3.发挥沿线各平台的建设性作用

各国区域、次区域相关国际论坛、展会

博鳌亚洲论坛、中国-东盟博览会、中国-亚欧博览会、欧亚经济论坛、中国国际投资贸易洽谈会

中国-南亚博览会、中国-阿拉伯博览会、中国西部国际博览会、中国-俄罗斯博览会、前海合作论坛

丝绸之路（敦煌）国际文化博览会、丝绸之路国际电影节和图书展

"一带一路"国际合作高峰论坛

重要时间节点

2013年9月和10月
习近平先后提出共建"丝绸之路经济带"和"21世纪海上丝绸之路"的重大倡议

2015年3月28日
国家发改委、外交部和商务部共同发布《推动共建丝绸之路经济带和21世纪海上丝绸之路的愿景与行动》

2014年11月8日
习近平在2014年北京APEC会议上宣布，中国出资400亿美元成立丝路基金，为"一带一路"沿线国家基础设施有关项目提供投融资支持

2015年12月25日
亚洲基础设施投资银行正式成立，为亚洲地区长期的巨额基础设施建设融资缺口提供资金支持

2016年8月17日
推进"一带一路"建设工作座谈会召开，习近平发表重要讲话，提出8项要求

2017年5月14日-15日
"一带一路"国际合作高峰论坛将在北京举行

"一带一路"倡议

第二届"一带一路"国际合作高峰论坛

2019年4月25日至27日，以"共建'一带一路'、开创美好未来"为主题的第二届"一带一路"国际合作高峰论坛在北京举行，37个国家的元首、政府首脑等领导人出席圆桌峰会，来自150多个国家和90多个国际组织的近5000位外宾确认出席论坛。会议形成了共6类283项成果，通过《第二届"一带一路"国际合作高峰论坛圆桌会联合公报》。

港口正成为"一带一路"建设中的重要支点

在"一带一路"的战略中，港口是中国海上丝绸之路的重要组成要素，中国在最近10年内大举收购和出资修建港口，仅2016年，中国就收购或承建了超过11个海外港口项目。

斯里兰卡汉班托塔港，2017年7月，中国招商局控股港口有限公司购得该港口70%股权，汉班托塔港口紧邻亚洲至非洲航运线，被寄予世界航运中心的厚望。

希腊比雷埃夫斯港，该港为地中海地区重要港口，2016年4月，中远海运集团获得港口67%的股权。

巴基斯坦瓜达尔深水港，2017年4月巴基斯坦与中国签署了经营瓜达尔港的40年协议，这将大大减轻了中国海运对马六甲航线的依赖，部分石油的运输路程缩短85%。

缅甸皎漂港，2015年底由中信集团有限公司牵头财团中标该港建设项目，现计划收购皎漂港70%至85%股权，该港口是中国石油和天然气管线的入口点，中国自中东进口能源运输不用再取道马六甲海峡和南中国海。

马来西亚马六甲皇京港，由中国电建集团工程有限公司投资兴建，深水港建设预计2019年竣工，建成后将成为马六甲海峡的最大港口。

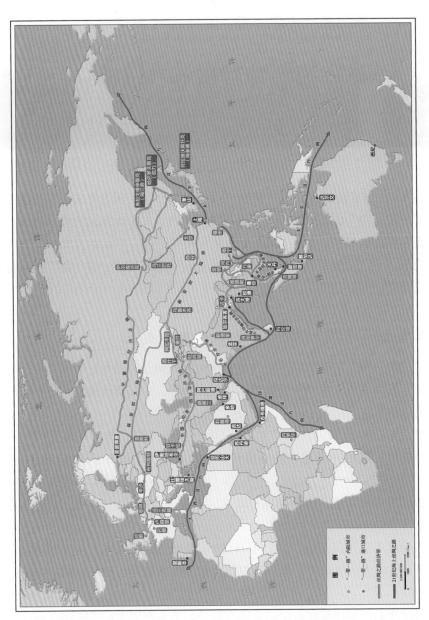

一带一路经济走廊及其途经城市分布示意图

"大数据"描绘丝路远景

资金融通

1 000亿元 中国将加大对"一带一路"建设资金支持，向丝路基金新增资金1000亿元人民币

3 000亿元 鼓励金融机构开展人民币海外基金业务，规模预计约3 000亿元人民币

2 500亿元 1 300亿元 中国国家开发银行、进出口银行将分别提供2 500亿元和1 300亿元等值人民币专项贷款，用于支持"一带一路"基础设施建设、产能、金融合作

经贸合作

60多个 本次论坛期间中国将同60多个国家和国际组织共同发出推进"一带一路"贸易畅通合作倡议

30多个 将同30多个国家签署经贸合作协议，同有关国家协商自由贸易协定

促进 政策 规则 标准 "三位一体"的联通，为互联互通提供机制保障

推动 陆上 海上 天上 网上 "四位一体"的联通

民生改善

600亿元 中国将在未来3年向参与"一带一路"建设的发展中国家和国际组织提供600亿元人民币援助，建设更多民生项目

中国将向
- "一带一路"沿线发展中国家提供20亿元人民币紧急粮食援助
- 向南南合作援助基金增资10亿美元
- 在沿线国家实施100个"幸福家园" 100个"爱心助困" 100个"康复助医"等项目

民心相通

1万 中国政府每年向相关国家提供1万个政府奖学金名额

地方政府也设立丝绸之路专项奖学金，鼓励国际文教交流

一带一路好伙伴

创新合作

中国愿同各国加强创新合作，启动"一带一路"科技创新行动计划，开展

4项行动 科技人文交流 科技园区合作 共建联合实验室 技术转移

中国将在未来五年内
- **2 500人次** 安排2 500名青年科学家来华从事短期科研工作
- **5 000人次** 培训5 000名科学技术和管理人员
- **50家** 投入运行50家联合实验室

中国与"海丝"沿线国家以海洋为纽带，以港口和基础设施建设、海洋产业和经济发展、海洋人文和文化交流及其他海洋相关领域为重点，海上丝绸之路的建设取得了一系列发展。亚洲基础设施投资银行正式成立，丝路基金投入运营，国际产能合作步伐加快，高铁、核电等中国装备走出去取得突破性进展。

专家视点
ZHUAN JIA SHI DIAN

以党的十九大精神指引海洋战略研究

张海文

党的十九大报告做出为实现中华民族伟大复兴的中国梦不懈奋斗的总动员，明确指出"坚持陆海统筹，加快建设海洋强国"。从建设海洋强国与实现中华民族伟大复兴的辩证关系来看，海洋强国梦是实现中华民族伟大复兴的中国梦的有机组成部分。

陆海复合是中国地缘政治现实最大的特点。中国位居世界最大的大陆——欧亚大陆的东部沿岸，濒临世界最大的海洋——太平洋的西侧。中外历史皆证明，对于一个沿海国来说，国家的兴衰与海洋存在密切联系。中国是陆海兼备的国家，生存、安全和发展皆与海洋息息相关。在新一轮的发展中，东部沿海地区将更多地依赖海洋，在新的高度和深度勘探、开发、利用海洋，并通过海洋与世界各国建立更加畅通和紧密的联系。

目前，全球海洋治理已成为国际热点议题，海洋已成为各国展示综合国力和增强国际影响力的新舞台。在海洋已成为国际和周边地区战略竞争与合作新的重要领域的历史阶段，中国实施海洋强国战略符合时代潮流。建设海洋强国是保障和满足我国国家安全与发展、维护海洋权益和拓展国家战略利益现实需求的重大战略举措。

深入贯彻落实党的十九大精神，国家海洋局海洋发展战略研究所要结合工作实际，重点做好以下几方面工作。

一是聚焦促进海洋经济发展的战略性、关键性问题研究。海洋经济与科技研究是战略所的重要科研方向和领域之一。必须全面学习并思考如何将党的十九大报告中关于建设现代化经济体系的战略部署贯彻落实到科研工作中。例如，如何将新发展理念引入海洋经济和科技发展？深化海洋领域供给侧结构性改革急需哪些方面的配套政策或体制机制改革？需出台哪些政策以促进和保障海洋经济高质量发展？

二是聚焦海洋生态文明建设的战略性、关键性问题研究。海洋环境与资源是战略所的另一个重要科研方向和领域。要将党的十九大精神贯彻落实到海洋生态环境保护和管理领域，为社会提供更多更好的生态产品，早日实现水清、岸绿、滩净、湾美、物丰的美丽海洋建设目标，满足人们对碧海蓝天、洁净沙滩的需求。必须深入思考既要高质量发展海洋经济，又要坚持人海和谐共生，需要哪些制度性规范和保障？需要出台哪些政策、进行哪些立法？

　　三是聚焦加快建设海洋强国的战略性、关键性问题研究。维护和拓展我国海洋权益问题研究是战略所的优势领域之一。党的十九大报告有多个部分都与海洋强国战略研究工作相关。当前和今后一段时期，我们应在现有研究的基础上，围绕"加快建设海洋强国"这个战略目标确定海洋权益研究的总体方向和重大选题。"加快建设海洋强国"是一个十分宏大的命题，我们应如何在更高的政治站位上去破题？有哪些战略性、关键性问题需要研究？涉及哪些战略规划和立法问题？

　　四是聚焦深度参与全球海洋治理的战略性、关键性问题研究。深度参与国际海洋秩序构建，积极推进海洋国际合作的相关研究是战略所的另一优势领域。要开展更加深入的精细化研究。例如，如何将构建人类命运共同体的基本方略贯彻落实到海洋领域？要细化梳理我国与各国在海洋哪个领域或方面有哪些共同利益？在哪些海洋重大议题上，与哪国有利益交汇点？如何创新思维促进"一带一路"海上合作、构建蓝色伙伴关系？

　　在新时代、新形势下，海洋战略研究也面临新的挑战。我们必须以习近平新时代中国特色社会主义思想为指导，坚持历史和现实相贯通、国际和国内相关联、理论和实际相结合的宽广视角，提高政治站位，增强忧患意识、防范风险意识，坚持底线思维、创新思维，做好海洋战略研究，为加快建设海洋强国贡献智慧和力量。

原文刊载于《中国海洋报》2018 年 2 月 28 日第 001 版

　　作者简介：张海文　国家海洋局海洋发展战略研究所所长，主要研究方向为国际海洋法、海洋政策、海洋安全与战略。

海洋强国的海洋思考
——从中国寻找世界到世界寻找中国

李明春

"世界怎么了，我们怎么办？"

今天，构建人类命运共同体合作共赢，实现中华民族伟大复兴的中国梦，是古"海上丝绸之路"给予我们的启示。不被思考的历史是不具有现实意义的。

要想深刻了解和认知海洋，不妨先提出一个发人深省的话题，关于"一带一路"的海洋思考——从中国寻找世界，到世界寻找中国？

中国元朝时，有一个意大利人，叫马可·波罗，他游历中国后回国，并留下一本记述中国、印度等地见闻的书——《马可·波罗游记》，正是这本被人称为"天下第一奇书"的书为欧洲编织了寻找东方"黄金之国"的梦想。

《马可·波罗游记》一书又一次搅动了浩瀚寂寞的海洋，让整个世界变得躁动不安。这部其实很普通的游记，之所以能成为"天下第一奇书"，是因为顺应了当时欧洲人冲破大海藩篱去发现世界的强烈愿望，吊足了人们寻找和获取海外财富的胃口，对欧洲即将迎来高潮的世界大航海起到了启蒙作用。在风帆船时代，航海一直属于冒险家的乐园，猎奇、逐利或为了传播宗教"普度众生"是海上冒险家不可缺少的内在冲动。海上四顾茫茫，随风漂泊，险象环生，生死难料，前途未卜，没有一种置生死于度外，渴求财富的欲望或坚定无比的信仰，很难超越极限的挑战。

《马可·波罗游记》一书刺激西方人胃口的除了金银珠宝外，还有中国的丝绸和瓷器，在古罗马时代，东方的丝绸和瓷器就被视为豪华高贵的奢侈之物。

在这样的背景下，哥伦布捧着《马可·波罗游记》，立志远航寻找富庶的东方世界。这位后来被世界誉为伟大航海家的意大利人，出生在热那亚，即马可·波罗在监狱里讲述那些"东方神话"的城市。从小的耳濡目染，使哥伦布萌生了踏着偶像足迹寻找印度和中国的强烈冲动。他为此移居正在展开海上航行活动的葡萄牙，并选择了水手职业，还特意去法国的海盗船上历练了一番，积累航海和应对海上复杂情况的经验。他用马可·波罗叙述的、已经人人耳熟能详的"东方神话"，先后游说了几位最有权威也最富有的国王，向他们描述印度和中国的风光、黄金、珠宝、满街的丝绸、香料和美女，极力诱惑国王投资航海，他这样告诉国王：通过航海，您就可以把远在东方的"人间天堂"搬到欧洲来，随之而来的是无尽的财富。

此时的葡萄牙，虽有亨利王子开启远航的先例，并在非洲西海岸大获而归，但统治者并不理睬哥伦布言过其实的夸张。此时的英国、法国也无强烈的远航欲望，没人肯资助哥伦布的航海计划。辗转西班牙后，哥伦布的游说让伊莎贝拉女王听得有些心动了，吩咐审查委员会一个皇家委员会审查其航海计划。那时"地圆说"只是一个猜想，尚无实践的佐证，传说有委员曾这样发问：即使地球真是圆的，向西航行可以到达东方，并能再回到出发的港口，那么必有一段航行是从地球底部向顶端爬坡，你的风帆船如何能够"爬上来"？这让口若悬河的哥伦布一时语塞。加之当时欧洲一些商人和贵族的阻挠，女王只好罢手。

哥伦布并没有因为这些挫折而灰心，后来他通过西班牙皇家一位女司库劝说女王道："哥伦布的航海计划要价不高，即使船毁人亡，血本无归，对皇室来说也损失有限；倘若成功，皇室可获利在百倍之上，女王陛下您何乐而不为呢？"终于，女王被说动了，并说服了国王斐迪南二世。在1492年8月3日，哥伦布率领一个由三艘小帆船组成的船队，从西班牙巴罗斯港出发开始向西航行。1943年9月，哥伦布再次出发。并误打误撞到了美洲，随后又接连三次来到这块新大陆，无意中完成了对整个美洲大陆的考察和发现。那时，这块陆地还处于原始状态，发现者们的大肆杀戮和劫掠，仍无法满足西班牙已经被刺激起来的欲望胃口。

哥伦布成功发现了一块新大陆，鼓舞了欧洲继续寻找东方神秘国度的热情，很快便有了葡萄牙人达·伽马的横渡印度洋，还有西班牙支持的麦哲伦所完成的环球航行。这两个人从欧洲本土出发，选择的是截然不同的两条航路，最终都如愿以偿地到达了梦寐以求的东方世界，按照西方"发现即占有"的强盗逻辑，他们疯狂抢占殖民地，掠夺和搜刮马可·波罗津津乐道的那些东方财富。

世界航海就是这样的无情，哥伦布、达·伽马、麦哲伦的航海活动，疯狂劫掠被发现与占领的土地，挑起战争，屠杀所到之处的原住民，理应被钉在历史的耻辱柱上，海洋反而成就了他们的伟大。三位航海巨人，成了人类航海史上的一座丰碑。

他们的航海实践，用无可辩驳的事实证明了地球是圆的，同时也发现了人类赖以生存繁衍的地球上，海洋要比陆地广袤得多。过去将人类各自生活的不同地域隔绝开来的海洋，因为航海成了将各民族联系起来的纽带，形成浑然一体的航行体系。由此蓬勃兴起的海上贸易，也将分散在地球各个角落的陆地连为一体，人类的历史自此才称得上真正意义上的世界史。

中国在寻找什么？

当人类文明进入20世纪末时，为纪念达·伽马横渡印度洋500周年，联合国将1998年定为"国际海洋年"，主题：海洋——人类的共同遗产。

这是人类历史的认知吗？那么中国的郑和呢？

1405年开始的郑和下西洋，早于哥伦布发现美洲87年、达·伽马横渡印度洋93年、麦哲伦环球航行114年。郑和率领的200多艘各类船只及近3万人组成的编队，先后7次往返大西洋，时间跨度长达28年之久，这些都是欧洲航海家所望尘莫及的。然而500多年以后，享受"国际海洋年"殊荣的，为何不是郑和而是达·伽马？

今天我们可以看到这样的事实，当欧洲兴起《马可·波罗游记》热时，与之同期的中国人汪大渊也写了一本《岛夷志略》。然而汪大渊没有这种幸运，遇到的却是冷待。这位元朝时的中国旅行家，曾附舶浮海到西洋，在书中也详细生动地记述了对沿途国家的亲历亲闻，其中描述的异国风情和新奇物产同样引人入胜。然而，这本书在中国被束之高阁，丝毫没有唤起我们民族乘桴浮于海的激情。之后，郑和虽然被公认为世界的大航海家，他所开创的和平友好远航之旅备受世人称赞。但就其对世界的影响而言，仅是昙花一现，只能用"过水无痕"来描述。

20世纪末，有位美国女作家为写郑和下西洋，曾赴东非一些国家追访大明船队的遗踪。她竭尽全力调动东非人对那次声势浩大的远洋航行的记忆，最终得到的只是从他们老祖宗那里流传下来的一声叹息：曾有一支浩浩荡荡的中国船队，像一片云铺天盖地而来，又像一片云突然消失得无影无踪。梁启超曾说："自哥伦布以后，有无量数之哥伦布，维哥达嘉马之后，有无量数之维哥达嘉马。而郑和之后，竟无第二之郑和。"这是因为在中国人的眼里海洋是"屏障"，而非"宝藏"。

导致朱元璋强令禁海的一个直接原因，就是当时沿海地区出现的倭乱。据《明实录》记载，洪武四年（公元1371年），朱元璋正式颁布禁海诏令："禁濒海民不得私出海。"此后，每隔两三年颁一次诏，"禁濒海民私通海外诸国""禁通外番""申禁海外互市"，还撤了闽、浙、粤等地接待外商的市舶司。后来又将下海捕鱼也列入禁止范围，直至最终禁到造船，终至"片板不许入海"。

朱元璋以开国之君的威权，将其写进"祖训"，提升为既定国策，并且纳入"大明律"，使之制度化和法律化。严厉告诫子孙："有违祖制者，一律以奸臣论处。"由此，海禁便一直贯穿大明朝200余年的历史之中。

物极必反，朱元璋之后，明成祖朱棣是一位具有雄才大略的继承者，因而才有了郑和这一幸运儿。朱棣即位以后，目睹禁海已严重损害大明朝在海外的威望，一些比巴掌大不了多少的国家都敢扣押、拦截往来中国的使者和物资，毅然决定派出庞大船队重新恢复海上秩序，按他的说法是"耀兵异域，示天下富强"。然而，郑和航海始终笼罩在朱元璋禁海的阴影中，脖子上总架着一把"违反祖制"的刀子。朱棣尽管积极推动海外交往，是郑和下西洋的发动者、组织者和支持者，但他也只是隐约意识到了航海与维护大明天朝的安全和尊严有某种微妙的关系，可以断言他脑子里根深蒂固的仍是历代封建帝王向往的"万国来朝"的虚荣，并未真正弄懂海洋于国于民的重要关系。

正是由于这个原因，郑和下西洋从一开始就潜藏着一个致命弱点，航海既是一项勇敢者的事业，也是一个需要有无比巨大的经济实力支撑的事业，郑和所进行的朝贡贸易，按照历朝历代的传统，他国"薄来"、中国"厚往"以示天恩，资金出多进少，入不敷出。这虽然体现了中华民族扶助弱小的美德，在一定意义上培育了国家的软实力，然而没有上升为国家战略。朱棣去世后，失去主心骨的群臣便在诸多争议下将下西洋列为"弊政"，致使继位的朱高炽断然宣布"永罢远洋航行"。

朱棣的孙子明宣宗朱瞻基尚有一丝乃祖遗风，即位之后，发觉海外交往太过冷清并非国家之福，又命郑和重整旗鼓下西洋。这次郑和死于此行的归途，葬身印度洋，随后明宣宗也驾鹤归西，整个远洋船队随即烟消云散，花重金建造的"郑和宝船"也任风雨剥蚀成了一堆引火之物。成化年间，有人偶尔提及郑和下西洋的往事，竟引发一些朝廷官员的惊惧，兵部侍郎刘大夏干脆将郑和积累的航海资料一把火烧成灰烬。正是这一把大火销毁明朝航海档案的事件，留给了今天一个历史谜团，也留给后人无尽的思索。

世界为什么要寻找中国？

今日，在阿姆斯特丹运河出海口，依然保留着一艘中世纪的海船，据介绍是哥伦布时代远渡重洋的船只。那船并不大，载重量也很有限，船头、船尾和左右舷却布满火炮，完全是一艘攻击型的舰船，本地人毫不隐讳地称之为"海盗船"。这让人感慨万千，不禁想：从哥伦布的海上征服和劫掠，到当年欧洲大航海的动机及支撑这场大航海运动经久不衰的动力是什么？

当年的欧洲大航海是源于赤裸裸地追求物质财富的欲望，一定会让讲究"君子喻于义，小人喻于利"的中国士大夫阶层感到不齿。哥伦布在日记中这样写道"黄金真是个美妙的东西，谁有了它，谁就可以为所欲为。有了黄金，甚至可以使灵魂升入天堂……"难道仅是这种追求经济利益的直接动因，使得世界航海大潮一浪高过一浪，即使船毁人亡，仍然前赴后继吗？他们在美洲进行充满血腥的抢劫，在亚洲展开欺行霸市的不平等贸易，在非洲甚至从事贩卖奴隶的罪恶生意，让所有受害国民众至今记忆犹新。但欧洲列国的资本主义生产关系，也就这样随着它们在海外的殖民体系一起建立了起来。正如马克思所说，美洲金银产地的发现，土著居民的被剿灭、被奴役或被埋葬于矿井，对东印度开始的征服和掠夺，非洲变成商业性的猎获黑人的场所，这一切标志着资本主义的曙光。

生存问题对那个时代的欧洲人来说，首先意味着要按照自己的强势意志去征服海洋，而征服海洋的过程也在大幅度改变欧洲的人文环境。大航海全面激活了西方人的智慧，各类自然科学和人文科学领域的探索不可思议地出现大突破，近代思想家和科学家争先恐后诞生在这片土地上，许多直到现在还拥有难以磨灭的光芒。

大航海既给工业革命提供了物质基础，也对工业革命提出了极为迫切的需求。更重要的是，从整个人类历史的进程来看，大航海开启了欧洲人的海权思想的新时代，人类活动的舞台从封闭的大陆转向开放、连通的海洋，改变了东、西两个半球被海水分割开来的格局，也改变了原来大陆各区域在封闭状态下踽踽独行的局面。大航海引发的商业革命，通过以西欧为中心的世界贸易网把地球上分散在各地区的经济联系起来，形成了资本主义的世界市场。同时，也将所有的国家和地区都卷入了优胜劣汰的世界性竞争之中，弱肉强食的世界性战争，不管你愿意不愿意都无法逃避。

历史没有假设，试想，如果世界大航海时代中国没有缺席，文艺复兴出现在中国这个具有五千年文明史的国度，那么今天的世界会是什么样子？

回头看当时的中国，唐宋时期海外贸易的成长，已经开始孕育孵化了纵横海内外的商品经济。在宋代，经商者只要在官府挂个号，照章纳税便可以自由出海，一度使私人海外贸易成为对外贸易的主体。还因此带动了造船、航海及其他相关产业的进步及科技水平的迅速提升。到了南宋时候，市舶收入已经成为国家财政的重要支柱，有效弥补了农业税收的不足。宋高宗因此说："市舶之利，颇助国用，宜循旧法，以招徕远人，阜通货贿。"

明代小说家凌濛初有一篇脍炙人口的短篇小说《转运汉巧遇洞庭红》，说的是主人公是一位"无心插柳柳成荫"的海外经商者。这个名叫文若虚的读书人，见别人经商获利眼红心热，毅然放下书本去做生意。他起初很不走运，无论怎么折腾都是"赔本赚吆喝"，几近囊空如洗。有朋友劝他趁朋友驾船去海外做生意时一同随船搭载外出散心。他临上船见太湖洞庭出产的橘子甚是便宜，随手掏出一把散碎银子买得几筐"洞庭红"，以备海途解饥渴。不想，海外一个国家视这橘子为稀罕物，一再抬高价钱也挡不住争先恐后拥过来的买主，这让他连本带利赚回不知多少倍的银两。回程中他舍不得抛出赚来的银子趸货，只带回当地人弃置海边的一只空龟壳，又被来中国经商的波斯人点破，龟壳内有十数颗夜明珠乃无价之宝，让其一跃成了富商大贾。这故事既反映了那个时代出海经商者的生活轨迹，也道出了那个时代人们出海经商的热切心声。

中华民族虽然已经走出了对海洋的恐惧，但在中国这块背负沉重积淀的黄土地上，海上商品经济的嫩芽太过脆弱。明太祖朱元璋的一纸"禁海令"，掐灭了海上贸易的发展势头，在其阴影下的远洋航海也霎时消失了帆影。历史学家评价，欧洲在海上崛起的时候，亚洲却在沉睡。落下郑和远洋风帆之日，即是中国进入沉睡状态之时，原本独领风骚的造船技术，船尾舵、水密舱、多桅帆停滞不前，打造长44丈、宽18丈郑和宝船的奥秘也因之失传，至今也难以完整复原，当自动航行的机器船取代风帆船的时代来临时，中国落伍了。中国四大发明之一的罗盘，被欧洲人用于了航海，而我们则停留在看风水时定位。

明万历年间，利玛窦等欧洲传教士踏海而来，曾经给了中国人一次警醒。他1577年参加耶稣会被派往远东传教，先在印度和越南布道，随后至中国继续传教，万历十年（公元1582年）抵达澳门。次年，获准入居广东肇庆，随后移居韶州，后由南昌、南京辗转到达大明京师。他在中国一直行事低调，小心翼翼避免冒犯中国人目空一切的自尊，有意迎合各级官僚的自傲和虚荣，博得了一些好感。而其真正的拿手好戏，是端出欧洲的科技产品，满足了与世隔绝的中国人的好奇心理。他在南昌拜见江西巡抚陆万垓，展示三棱镜、钟表和欧洲记数法时，众官员见所未见，闻所未闻，一个个惊奇得张开嘴巴。他来到北京，向万历皇帝进呈自鸣钟、《万国图志》、大西洋琴等耳目一新之物，还成功地预测了一次日食，让明神宗朱翊钧开了眼，龙颜大悦，敕居北京。

利玛窦在北京和南京时，以自己的学识吸引了当时中国精英分子的注意，明代著名科普著作家徐光启，同他一起将欧洲的《几何原本》翻译成中文。许多中文词汇，如点、线、面、曲线、曲面、直角、平行线、三角形、多边形、圆、外切、几何、星期以及汉字"欧"等，就由他们联手创造并沿用至今。按理说，包括万历皇帝在内的政坛高层，面对科学知识和技术上如此巨大的落差应当有所触动。无奈远离世界海洋的滚滚浪涛，闭关锁国的狭窄视野，无法从根本上打破自古传承下来的"中国中心论"。用"中华上邦"的高傲眼光俯视，所有那些皆为"奇技淫巧"，不过聊博一笑。利玛窦未能惊醒沉睡的万历皇帝本人，也未能惊醒沉睡的中国，难道就是因为"中华上邦"和"奇技淫巧"这么简单吗？

在利玛窦之后，荷枪实弹的欧洲殖民者接二连三地来到马可·波罗描绘的金色梦境里，而在农耕经济和封建制度古老驿道上徘徊不前的中国，此时已经让一些欧洲人觉得可以像对待美洲和非洲土著那样对待中国人了。

1574年1月11日，西班牙人给他们国王上书说："如果陛下乐意调度，只要60名优良的西班牙士兵，就能够征服中国。"1576年6月2日，西班牙驻菲律宾总督桑德在给国王的信中说："这项事业（指征服中国）容易实行，所需的费用也不多。"

十年后的1586年4月，西班牙驻马尼拉殖民政府首领、教会显要、高级军官及其他知名人士聚集马尼拉，专门讨论征服中国的方案。据说与会者草拟了份包含有11款97条内容的备忘录，由菲律宾总督和主教领衔，纠集51位显贵联名签署并上报西班牙国王。这份文件还特别提到战争中应注意的问题，派出的兵力数量不能太少，同时又要谨慎地选择远征的人选，改变以往过于野蛮的侵略方式，切不可因滥杀平民而使中国人口减少，因为"人口减少就意味着财富的损失"。在侵占中国后，仍应保留中国政府，以保持它的繁荣和富裕。因此，所有参加远征的人都应当明白，这次远征并不是去对付我们的敌人，而是去征服那里的人心，以获取财富。进入中国之后需采取谨慎和温和的方式，不能对中国民众犯下太多罪行……

是有幸还是不幸？这次预谋已久足以促使中国从沉睡中猛醒的"温和侵略"并没有发生。西班牙的"无敌舰队"在赴中国之前，先进行了一场远征英国的战斗。1588年5月，"无敌舰队"从里斯本扬帆起航，英、西两军在靠近英国本土的海上展开激战。此时的"无敌舰队"共有舰船134艘，实力远在英军之上，只因海上情势变化莫测，加上西军傲慢轻敌和纪律涣散，整个舰队竟被打得七零八落。此后，荷兰从西班牙统治下获得独立，国力不断上升，很快成为西班牙在亚洲强劲的竞争对手。荷兰殖民者斯佩伊贝格口吐狂言，要"派遣一支舰队和武装力量，直接到菲律宾进攻那里的西班牙人"。英、荷两国虎视眈眈，让西班牙自顾不暇，那个侵华计划被一再推延，直至流产。在后来西方列强侵略中国长长一串黑名单中，西班牙也因此没有排到主角的位置上。

在北京，至今还保留着一座利玛窦墓，它给国人留下的是一段五味杂陈的历史，而留给我们更多的是对逝去的历史的无穷回味。中国从寻找世界到被世界寻找，竟会出现如此巨大的历史反差，中国寻找世界带去了多赢互利的"丝绸之路"，欧洲寻找中国带来的却是列强的野蛮侵略。事实说明，在那个世界由中世纪向近代文明转型的关键时期，一个国家一旦失去寻找世界的兴趣，也就失去了继续前进的活力。中华民族这个积累了数千年文明的古国，在大西洋滚滚而来的波涛冲击下竟不堪一击，蒙受了一连串的国难和国耻。

拿破仑说，中国？那是一头睡狮，千万不要让他醒来。

走向海洋，中国准备好了吗？

作者简介：李明春　《中国海洋报》资深记者，海洋作家、海洋文化学者、哈尔滨工程大学特聘教授、全国海洋文化教育联盟秘书长。

陪你走的这段路

海洋文化馆志愿者

　　当有一段这样的经历，从孕育到成形都参与，从思想到内容都了解，从始至终都为你挂念。

　　在哈尔滨炎热的八月，我们接过了海洋文化馆建设的大旗，那个时候，文化馆选址还未确定，交给我们的只是还未成册的文案和老师亲切又焦急的叮嘱："下个礼拜交。"我们拿到的是海洋强国和海洋权益部分，也是因为对于这段历史的热爱而选择了它。那一周的我们窝在昏暗的船舶馆，为数不多的明亮只有正在工作的电脑屏幕以及每一双闪闪发光的眼睛。"PDF文件怎么转Word啊？""你们完成多少了？""我这部分有些资料查不到怎么办？"回响在狭小空间里的话语是焦急，是渴望，也是伴随而生的责任与热爱。在回首这段时光的时候，我们依然清晰地记得在打印出的厚厚的资料上，马汉"海权论"的下方密密麻麻地注记着1812年的英美战争，葡萄牙帝国部分填写着亨利王子的英雄故事，《联合国海洋法公约》成立之前经过的每一次会议都跨越了时间和空间，留在了一笔一画的心思中，为了一个神圣的时刻而准备着。

海洋馆志愿者负责人马新在开馆时接受媒体采访

展品陆续到达，那些我从未见过的海螺、贝壳，无一不让我赞叹大自然的鬼斧神工。于是在不断的惊叹中，我们开始了整理展品的任务。把玳瑁龟擦干净放到展柜里贴好标签；妥善安置大海柳和精美的犹如塑料制品一样的"偕老同穴"海绵体；听一听砗磲贝里是不是有大海的声音。为每一个展品编号、做资料卡的时候，我们的记忆里拥有了这些海洋印记从何而来的秘密。

有一天我们终于踏进了还是白墙灰土地且泛着甲醛气味的场馆里，还未建设完成却已经拥有了想象中的样子，怀抱着期待，幻想着，这面墙上挂一片海洋，那面墙上贴小鱼，这个地方还可以放一艘船，那里刚好可以记录我国的海洋之路……这应该是一个非常幸福的时刻，像是亲手打造一个美好的地方，融入了自己的气息和感情。

期待了太久太久，久到从火红的枫叶飘落到皑皑白雪的降临，久到忘记了老师有多少个未曾合眼的日夜在同我们讲述有关于文化馆的建设，久到已迫不及待地想要开始我们的第一场讲解，告诉人们你有宽广的胸怀海纳百川，你有深邃的文化源远流长。开馆的这一天，即便极北之地的严寒伴着凛冽的寒风，我们依然热血沸腾，"终于等到了你。"

五个多月的时光，从毫无头绪到文思泉涌，从手忙脚乱到井井有条，陪你走过的这段日子是我们的骄傲，更是陪你从雏形到成长的体验。我们想好好走一走、看一看你，走过山川湖海，走过人类航行，走过强权争霸，走到建设海洋强国的宏伟目标。"确认过眼神，是我爱的馆"，至今我们依然牵挂着你，也深爱着你，渴望与建设你的每一个人一同，把你建设得更加美好。

海洋馆志愿者与李宏馆长合影留念
（左起：孟彤、康子雄、高要勇、秦艺超、李宏、张鑫、刘沛霖）

结　　语

　　世界人民与海洋共存的历史，中国人民与海洋共生的历史，都告诉我们，要唤醒全民族的海洋意识，形成全民族齐心协力关注海洋、开发海洋、保护海洋的局面，选择一条和平发展、合作共赢的海洋强国之路。

　　登山则情满于山，观海则意溢于海。新时代、新海洋、新文化，站在新的历史起点上，我们要以和平合作、开放包容、互学互鉴、互利共赢的姿态，努力使广阔海洋成为和平之海、合作之海，连接彼此、造福人类，与全世界人民携手，走向人类海洋共同体的未来！

尾　声

谋海济国——蓝色名校哈尔滨工程大学

谋海济国　丹心铸剑

哈尔滨工程大学，前身为新中国第一所高等军事技术学府——"中国人民解放军军事工程学院"，陈赓大将为首任校长，学校原隶属于国防科学技术工业委员会，现隶属于工业和信息化部，是国防七校、东北五校之一，是中国"三海

哈尔滨工程大学

"一核"领域最大的高层次人才培养基地和重要的科学研究基地,是被国家授予"航母建设突出贡献奖"的唯一院校。起源于哈军工海军工程系的哈尔滨工程大学,坚持为船、为海、为国防的使命担当,致力于船舶工业的现代化、海洋开发的现代化、海军装备的现代化和核能应用的现代化发展。

"脚踏白山黑土,胸怀万里海疆。"这句哈尔滨工程大学校歌的歌词,充分说明了这所学校在"谋海济国"的使命和担当中与时俱进。从蜚声国际的"哈军工",到中国行业名校"哈船院",再到国家优势学科创新平台建设高校"哈工程",在60多年的发展历程中,学校逐渐凝练出以船舶工业、海军装备、海洋开发、核能应用为主体服务领域的"三海一核"办学特色。前不久,哈尔滨工程大学海洋文化馆正式开馆,国家海洋局宣传教育中心授予其"全国海洋意识教育基地"称号。

谋海济国攀高峰

60多年前,哈军工人用13年为新中国书写了一个世界高等军事技术教育的奇迹。半个多世纪以来,哈工程人坚守"以祖国需要为第一需要、以国防需求为第一使命、以人民满意为第一标准"价值追求。在迈向"双一流"的新征程中,作为隶属国家工业和信息化部、国防七子之一的哈工程依然勇立潮头,为祖国的船舶工业、海军装备、海洋开发、核能应用领域贡献自己的力量。

科技日报对哈尔滨工程大学的报道

哈工程船舶与海洋工程一级学科总体水平国内领先,船舶力学、水下智能机器人、船舶动力、船舶控制与导航、水声技术、核动力仿真技术等位居国际先进水平。以"水下机器人技术""水声技术"国家级重点实验室为标志,拥有一批代表我国船舶工业、深海工程、舰船动力、导航、核动力安全领域世界水平的创新平台。目前,学校隶属工业和信息化部,是由工信部、教育部、黑龙江省政府、海军四方共建的,我国"三海一核"领域规模最大、实力最强的高层次人才培养、科学研究基地。

60多年来,这里先后诞生了第一艘水翼艇、第一艘援潜救生艇、第一套船用综合导航系统、第一套气垫船驾控模拟系统、第一套水声定位系统、第一套DP3船舶动力定位控制系统、第一套自治式潜器(AUV)搭载对接系统等十几项具有开创意义的"共和国第一"。学校主动融入海洋强国、一带一路、中国制造2025等国家战略,在"三海一核"领域突破了一批关键技术,形成了技术创新引领能力和重大工程装备研发能力,取得了诸多标志性研究成果。作为牵头或核心单位,正在全面论证和实施"数值水池""水下生产系统""船用低速发动机""第七代深水钻井平台""深海空间站""数字化反应堆""海上能源岛"等国家级重大创新工程。2013年,《科技日报》重磅推出哈工程60年来科技工作发展纪实文章《谋海济国》,详述了哈工程建校一甲子,为船为海为国防做出的重大贡献。

哈工程抢抓国家"双创"重要战略机遇,大力创新体制机制,推进军民深度融合,推动学校积累多年的船舶噪声控制装置、系列水下机器人、综合导航系统、船用双燃料发动机、深海浮力材料等一批科技成果落地生根、开花结果,受到党和国家领导人的高度关注和赞许。2016年,习近平总书记考察黑龙江时,肯定了哈工程高新科技产业化成果,"哈船系"新创业时代再度启航。

丹心铸剑奏强音

这所大学虽然远离大海,但其在人才培养、科研成果、技术支撑上为中国自主设计、建造的航母和几代各型舰艇与潜艇做出了独特的贡献,主要系统研制负责人都曾在这所学校就读。学校是唯一获航母建设突出贡献奖的高校;"蛟龙号"的潜航员中有四位师出于此,其中"载人深潜英雄"叶聪、唐嘉陵受到习近平总书记亲切接见;中国首位女潜员张奕在这里启航。它培养了中国核工业集团中2/5的首席专家,"一带一路"中的一张亮丽的国家名片——我国第三代核电技术"华龙一号"的总设计师邢继就毕业于此。

"蛟龙号"潜航员叶聪

"蛟龙号"潜航员唐嘉陵

中国首位女潜航员张奕

黄新建将军

　　在中国海军赴索马里护航的"蓝盾"编队中,哈工程是唯一参与技术护航的高校;在世界瞩目的抗战阅兵式上,学校79级校友黄新建将军率海军方队接受祖国人民检阅;在中国船舶与海洋工程领域的工厂、研究所,哈尔滨工程大学的毕业生是最多的;在中国所有在役和在建的核电站中,哈尔滨工程大学的毕业生也是最多的,中国工程院海洋信息领域的全部院士、70%以上的高级专家均毕业于此。在海洋信息、极地大科学工程、可燃冰、核聚变等影响人类未来发展的前沿方向上,有一大批杰出的哈尔滨工程大学校友师生正在丹心铸剑。

　　2014年"全国五一劳动奖章"获得者1986届校友顾奚,在我国首艘航母建设中,带领团队确保了各系统及设备的研制任务顺利完成并按进度交装部队。2013年"中国青年五四奖章"获得者1998届校友王治国,曾任辽宁舰系统主任,为首艘航母辽宁舰的顺利交付做出了重要贡献。1987级校友张宏军,是中国船舶工业系统工程研究院院长、舰载航空领域专家,曾担任我国第一艘航母航空保障系统首任系统总师,开创性地提出了"智慧海洋"工程方案,以及如

孙光甦

何运用体系工程理论和方法开展工程建设的大胆构想。还有1977级水声工程系校友国产航母副总设计师孙光甦，今年6月，登上央视《开讲啦》节目，为全国观众揭秘国产航母的建造。

文化育人谱新篇

作为一所长期服务"三海一核"领域、具有鲜明办学特色的高校，哈尔滨工程大学自创建以来，始终"以祖国需要为第一需要，以国防需求为第一使命，以人民满意为第一标准"，把"为船、为海、为国防"的责任担当深深嵌入大学的文化之中，成为流淌在师生血脉中的精神基因，是历代哈工程人不忘初心、继续前进的强大动力。

学生在进行船模制作

浸润在哈尔滨工程大学鲜明的"三海一核"办学特色中，对于海洋文化的热爱，成为一种精神自觉。学生们曾自发筹建了全国高校首个航母爱好者类的学生社团，并制作了有关航母文化的图片展。2012年8月，当时的在校生石振强和伙伴们在举行的首届"全国海洋航行器设计与制作大赛"中获得特等奖，创造"国内第一"的纪录——历时两个月，制作出长达2米的"瓦良格"号模型。

学校着力培养学生进行海洋领域科技创新的能力和水平。在2017年全国大学生海洋航行器设计与制作大赛中，哈尔滨工程大学船舶工程学院本科生"智水"科技创新团队设计操作的作品，以总分第一的好成绩荣获"设计制作类"冠军（特等奖），并一共获得四项特等奖及多项一、二等奖。

学生志愿者在胜利小学进行船海系列科普讲座　　第六届全国海洋航行器设计大赛闭幕式

丰富多彩、形式多样的海洋科普类社会实践及校园主题活动，让普及、推广海洋文化在学生中内化于心、外化于行。"七彩课堂，走进船海系列海洋知识科普活动"是学校的一项品牌特色实践活动，已经举办了6届，学校的学生志愿者以科普讲座的形式把知识带给乡村留守儿童，帮助孩子们了解世界、认识海洋、拓宽视野，助他们快乐学习、健康成长。举行丰富多彩的"海洋日"主题宣传活动，号召广大青年学子更进一步地关心海洋、了解海洋、热爱海洋，积极投身到海洋事业中去。

学生志愿者在为小朋友宣读海洋科普知识　　世界海洋日主题活动获奖学生合影

为呼唤民族海洋意识，在全社会进一步形成关心海洋、认识海洋、经略海洋的浓厚氛围，11月22日，哈尔滨工程大学海洋文化馆正式开馆，体现了哈尔滨工程大学对弘扬海洋文化、践行使命担当的思考和认识，该馆致力于成为广大师生乃至社会大众了解海洋、热爱海洋进而投身海洋事业的教育基地。"全国海洋意识教育基地"落户哈工程，是学校"用海洋人的文化自信传播海洋文化，用海洋文化视野普及海洋科学知识和开展海洋意识教育，用海洋科学思维推动海洋事业创新发展，助力海洋强国建设"的生动实践，将进一步促进学校在创新海洋意识教育机制、提升"三海一核"相关专业人才培养质量以及服务地方经济建设中发挥更大的作用。

海洋文化馆室内场景　　　　　　　　参观者正在体验VR"辽宁"号舰载机着陆操控

附录一　海洋文化馆筹建大事记

（2017年5月27日—11月22日）

5月27日 海洋文化馆建设小组成立。

哈尔滨工程大学
校长办公会会议纪要

（2017年10次）

2017年5月27日上午，2017年10次校长办公会由姚郁同志主持召开。

一、研究本科教学审核评估进一步整改工作安排

会议研究并原则通过了《哈尔滨工程大学本科教学审核评估校内整改进一步工作安排》，要求按照此次校长办公会讨论意见进一步完善后印发施行。

会议责成本科生院牵头，研究生院、学生工作处、校团委配合，尽快制定院系人才培养工作年度考核相关办法，提交校长办公会讨论。

（十四）由校长助理严汝建牵头，党政办公室负责并成立专项工作小组，做好海洋文化馆筹建相关工作。

会议强调，对于工作方案明确的重点工作，由党政办公室按照工作方案进行督办；对于工作方案不明确的重点工作，由分管校领导牵头，将重点工作进行任务分解，明确进度安排、时间节点、责任单位、责任人，制定工作方案后交党政办公室督办。

出席人员：姚　郁　高晚欣　张志俭　韩端锋　吴林志　严汝建
参加人员：姚利民
列席人员：胡今鸿　李荣生　兰　海　王晓迪　吴　雷
记录人员：洪长昊

5月28日 海洋文化馆建设计划（分阶段按计划实施）。

海洋文化馆建设工作推进表

序号	阶段目标	完成时间	推进举措	负责人
第一阶段	确定海洋文化馆总体策划方案	2017年5月20日~6月15日	1.筹建调研：确定调研对象，拟定调研提纲，省内外调研（参观、座谈、搜集资料），形成调研报告。	刘杨磊
			2.搜集海洋文化馆照片：按海洋文化相关照片进行分类、编目、整理，初步建设图片信息库。	吴韶刚
			3.起草《海洋文化馆总体策划方案》：确定海洋文化馆定位及功能，提出展览的立体框架及内部结构分区。	李宏
第二阶段	确定展览文本策划方案	2017年6月16日~7月31日	1.起草《海洋文化馆展览文本策划方案》：确定文本大纲，整理拟用的照片和实物，起草文本策划方案，征求顾问、专家意见，最后形成展览文本策划方案。	李宏、吴丹丹
			2.馆舍建设维修改造配合、协调工作：与相关部门人员召开协调会，提出维修要求，统一维修思想，配合相关部门开展馆舍的维修改造工作。	李宏、吴韶刚
			3.分类出海洋文化馆展陈所需实物清单，根据制作周期，提前确定制作方案。	吴韶刚
第三阶段	确定展览内容及形式设计方案	2017年8月1日~8月31日	1.起草展览设计方案：熟悉结构，详细确定各部分面积等细节指标，整理、策划拟采用视频，注重文字、照片、实物等元素的比例关系及与展型展示空间内容性的关系。	李宏、吴韶刚
			2.布展施工竞争性谈判：发布公告，通过竞争性谈判的方式确定中标公司进行布展施工。	刘杨磊
			3.实物的仿制与资料复制：对无法取得的实物与资料进行仿制，策划高档次展品，包括雕塑的制作与项目改造的二次完善。	吴韶刚
第四阶段	完成海洋文化馆布展及施工工作	2017年9月1日~10月10日	1.布展：与中标公司一起实施布展，校对文字，实物及照片说明进行校对，分工负责剖布展完成。	李宏
			2.结合展览设计方案确定现代技术手段应用处所需的视频及音频，完成制作过程。	郭鹏君
			3.起草海洋文化馆讲解词、培训讲解员。	郭鹏君
第五阶段	海洋文化馆试运行	2017年10月11日-10月20日	1.海洋文化馆运行：补充、完善、试运行阶段，查找可能存在的问题。2.海洋文化馆展厅卫生及空间味道处理。	李宏

6月8日　校长办公会专题讨论研究了海洋文化馆筹建事项，明确了建设目标。

哈尔滨工程大学
校长办公会会议纪要

（2017年11次）

2017年6月8日下午，2017年11次校长办公会由姚郁同志主持召开。

一、研究海洋文化馆筹建相关事宜

会议研究并原则通过了海洋文化馆筹建方案及建设预算，要求按照此次校长办公会讨论意见进一步完善后实施。

会议认为，学校作为一所具有鲜明船海特色的高校，需要一个集中展示海洋文化、从事海洋研究、普及海权教育的场馆，从而进一步提高广大师生的海洋意识，为学校实施"三海一核"特色办学体系提供有力支撑。

会议要求，海洋文化馆的筹建要充分借鉴哈军工纪念馆的成功经验，要与学校的人文社科学科相结合，深入研究海洋文化馆的定位与内涵，将海洋文化馆建设成为学校"三海一核"特色办学的文化育人基地、海洋科普研究的海防知识研究基地、传播海洋文化的爱国主义教育基地和国家海洋文化科普教育基地。

6月13日—17日　海洋文化馆建设调研。

中国海洋大学海权馆调研

崇武海洋科普馆调研

泉州海外交通史博物馆调研

6月22日　完成设计单位招标的工作，确定中标单位。

哈尔滨工程大学海洋文化馆展览方案设计成交公告

2017年06月22日 11:12 来源：中国政府采购网 【打印】【显示公告概要】

哈尔滨工程大学海洋文化馆展览方案设计项目（项目编号：磋商2017-02）组织评标工作已经结束，现将评标结果公示如下：

一、项目信息

项目编号：磋商2017-02

项目名称：哈尔滨工程大学海洋文化馆展览方案设计

项目联系人：李宏、刘杨磊

6月24日 海洋文化馆总体策划方案完成。

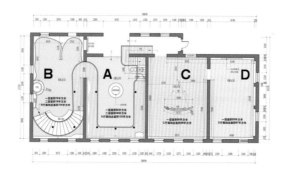

7月27日 海洋文化馆展示设计方案及施工图纸完成。

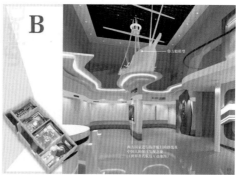

8月21日 完成施工单位的竞争性谈判工作，确定施工单位。

【基建成交公告】哈尔滨工程大学海洋文化馆布展施工成交公告

时间：2017-08-21 作者： 文章来源：旧新网站 浏览：639

项目编号：磋商2017-03

项目名称：哈尔滨工程大学海洋文化馆布展施工

成交内容：布展施工

建设地点：哈尔滨市南通大街145号哈尔滨工程大学校园内

采购方式：竞争性磋商

磋商日期：2017年8月21日

经磋商小组评审，供应商由高至低排序前三名为：第一名，哈尔滨北辰环境艺术工程有限公司，第二名，黑龙江鲁班建筑工程有限公司，第三名，哈尔滨鑫三星建筑工程有限公司。

经磋商小组评审，依法确定排名第一的供应商为预成交供应商，预成交供应商为哈尔滨北辰环境艺术工程有限公司；预成交价格：855975.85元。

以上结果公示三日，公示期间相关单位如有异议请以书面形式向采购人提出；如无异议，预成交供应商即为成交供应商，采购人将向成交供应商发出《成交通知书》。

感谢本项目所有供应商对哈尔滨工程大学基建工作的支持。

哈尔滨工程大学后勤基建处

2017年8月21日

8月25日 完成展馆的基础维修。

9月5日 施工单位进场开始布展工作。

9月25日 海洋文化馆展示文本方案完成。

10月9日 海洋文化馆展示内容平面制作完成

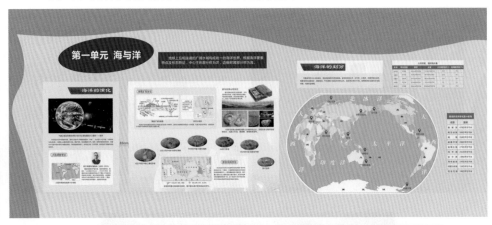

10月29日 工程建设基本结束。

11月8日 地面进行涂料施工。

11月18日 工程结束进行验收。

11月22日 正式开馆并对外开放。

VR互动体验

登上辽宁舰 体验者可以航母甲板上游览,指挥地勤人员让舰载机起飞,乘坐直升机俯瞰辽宁舰,发射导弹击毁来袭飞机群。了解甲板上鞭状天线、舰载机牵引车、拦截索、助降镜、1130近卫炮、防空导弹等设施作用。

钓鱼岛巡航 体验者可以通过快艇、直升机两种方式登陆我国钓鱼岛,摧毁岛上日本神龛、日本旗目架子等非法设施,并登顶最高峰高华峰,插上代表祖国的五星红旗,宣示主权。

附录二 海洋文化教育联盟

联盟成立

海洋文化教育联盟成立于2018年9月，由哈尔滨工程大学牵头，联合上海交通大学、浙江大学、中国海洋大学、广东海洋大学、中国（海洋）南海博物馆等涉海高校、海洋科研院所、海洋类文博馆、科普馆、海洋意识教育基地共同成立，首批联盟成员单位共计19个，是国内首家以海洋文化教育为主旨的学术联盟。

海洋文化教育联盟，旨在为海洋文化教育发展搭建交流平台和联系的纽带，推动成员单位深度合作和资源共享。联盟秘书处设于我校，负责处理联盟日常事务，联络协调其他成员单位。联盟将通过海洋文化学术研讨、海洋意识与科学普及、海洋研学与主题展览、海洋文化与海洋科技深度融合、海洋文化与海洋产业相互促进等各项工作的开展，聚集社会海洋文化建设各方向的协同效应，为海洋强国建设凝聚文化共识，全方位促进海洋文化事业的发展与合作共赢，逐步打造国内海洋文化共同体，为建设海洋强国做出贡献。

海洋文化教育联盟成立大会

海洋文化教育联盟首批成员单位代表合影

会议服务志愿者学生合影

海洋文化联盟宣言

联盟研讨会

　　2018年9月，海洋文化教育联盟在哈尔滨召开第一届理事会，共同对新时代海洋文化教育发展进行研读，主要聚焦如何创新发展海洋文化教育，共同探讨新时代海洋文化教育发展的新动向。

　　2019年6月，全国海洋文化教育联盟在泉州海洋环境监测预报中心（福建崇武海洋科普馆）召开第二届会员大会，会议重点讨论了联盟年度工作，并就海洋研学问题进行主旨研讨。

　　2019年9月，海洋文化教育联盟在浙江省舟山召开国内首次海洋研学实践经验交流与研讨会议，并举行《海洋教育读本》首发式。

　　2020 年 1 月，海洋文化教育第一届理事会第三次会议在青岛举行，会议讨论了联盟下阶段的工作计划，部分成员单位就海洋研学工作的开展进行了交流发言。

媒体看联盟

光明　地方
di_fang.gmw.cn

时政　国际　时评　理论　文化　科技　教育　经济　生活
法治　　　更多

我国首家海洋文化教育联盟成立

2018-09-18 16:51 来源：光明网

　　9月18日，由哈尔滨工程大学牵头，联合涉海高校、海洋科研院所、海洋类文博馆、科普馆、海洋意识教育基地共同发起的海洋文化教育联盟于在哈尔滨成立，这是国内首家以海洋文化教育为主旨的集海洋文化教育、文化传播与实践研究为一体的学术联盟。联盟旨在为海洋文化教育发展搭建交流平台和联系的纽带，推动成员单位深度合作和资源共享，力求创新海洋文化教育新模式，提升海洋文化教育意识，促进海洋文化育人社会功效，努力成为助推建设海洋强国软实力的重要力量。

　　首批联盟成员单位有大连海洋大学、福州大学、广东海洋大学、海南热带海洋学院、集美大学、南京大学、上海海洋大学、中国海洋大学、中国科学院深海科学与工程研究所、泉州海洋环境监测预报中心（福建崇武海洋科普馆）、福建惠安港德海洋科普教育基地、中国（海南）南海博物馆、中国航海博物馆等单位代表50余人参加了联盟成立大会。

　　新时代、新海洋、新文化，联盟将为海洋强国建设凝聚文化共识，合力推动海洋文化的高水平发展；通过海洋文化学术研讨、海洋意识与科学普及、海洋研学与主题展览、海洋文化与海洋科技深度融合、海洋文化与海洋产业相互促进等各项工作的开展，聚集社会海洋文化建设各方向的协同效应，全方位促进海洋文化事业的发展与合作共赢，逐步打造国内海洋文化共同体，为建设海洋强国做出贡献。

　　作为联盟发起单位之一，哈尔滨工程大学校长、联盟会长姚郁说："哈尔滨工程大学将全力投入和支持联盟工作，在自然资源部的关心和支持下，相信联盟一定能发挥出聚资源、强引领、广辐射的作用，提升海洋文化软实力水平，助力海洋强国建设的发展，同时促进海洋文化教育的改革、创新与发展。"

　　（光明融媒体记者张士英）

　　　　　　　　　　　　　　　　　　　　　　　　　　［责编：王宏泽］

中国教育报
CHINA EDUCATION DAILY

返回首页 | 广告刊例

2018年09月19日 星期三

◀上一篇　下一篇▶

国内首家海洋文化教育联盟成立

通讯员 金声 记者 曹曦

本报哈尔滨9月18日讯（通讯员 金声 记者 曹曦）今天，由哈尔滨工程大学牵头，联合涉海高校、海洋科研院所、海洋类文博馆、科普馆、海洋意识教育基地共同发起的海洋文化教育联盟在哈尔滨成立。这是国内首家集海洋文化教育、文化传播与实践研究为一体的学术联盟。

我国首个海洋文化教育联盟在哈尔滨成立
2018-09-19 08:44:58　来源：新华社

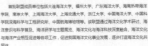

新华社哈尔滨9月18日电（记者 杨思佳）由哈尔滨工程大学牵头，联合多所高校、海洋科研院所等共同发起的海洋文化教育联盟9月18日在哈尔滨成立。这是我国首个以海洋文化教育为主旨的学术联盟。

提起心愿，这一联盟在国家海洋局宣教中心等指导下成立，集海洋文化教育、文化传播与实践研究为一体，旨在为海洋文化教育发展搭建交流平台和联系的纽带，推动成员单位深度合作和资源共享，力求创新海洋文化教育新模式，提升海洋文化教育意识。

首批加盟成员单位有大连海洋大学、福州大学、广东海洋大学、海南热带海洋学院、集美大学、南京大学、上海海洋大学、浙江大学、中国海洋大学、中国科学院深海科学与工程研究所、中国航海博物馆、谈制馆惠武海洋科普馆、福建惠德园海洋科普教育基地、中国(海南)南海博物馆、中国航海博物馆等单位。

哈尔滨工程大学校长、该联盟会长姚郁说，未来该联盟将本着自由、平等、合作、互通互惠的原则，发挥联盟、强引领、广辐射的作用，提升海洋文化软实力，助力海洋强国建设，同时促进海洋文化教育的改革、创新与发展。

【海洋文化】

中国新闻网　首页 → 文化新闻

字号：大 中 小

中国首家海洋文化教育联盟成立

2018年09月18日 10:45　来源：中国新闻网 ● 参与互动

图为海洋文化教育联盟成立现场。史铁夫 摄

中新网哈尔滨9月18日电（金声 记者 史铁夫）由哈尔滨工程大学牵头，联合涉海高校、海洋科研院所、海洋类文博馆、科普馆、海洋意识教育基地等共同发起的海洋文化教育联盟18日在哈尔滨成立。这是国内首家以海洋文化教育为主旨的集海洋文化教育、文化传播与实践研究为一体的学术联盟。

联盟在国家海洋局宣教中心、中国海洋报社指导下成立，旨在为海洋文化教育发展搭建交流平台和联系的纽带，推动成员单位深度合作和资源共享，力求创新海洋文化教育新模式，提升海洋文化教育意识，促进海洋文化育人社会功效，努力成为助推建设海洋强国实力的重要力量。

首批联盟成员单位有大连海洋大学、福州大学、广东海洋大学、海南热带海洋学院、集美大学、南京大学、上海海洋大学、上海交通大学、浙江大学、浙江大学、浙江海洋大学、中国海洋大学、中国科学院深海科学与工程研究所、泉州海洋环境监测预报中心（谈制崇武海洋科普馆）、福建惠德园海洋科普教育基地、中国(海南)南海博物馆、中国航海博物馆等单位。

联盟将为海洋强国建设凝聚文化共识，合力推动海洋文化的高水平发展；通过海洋文化学术研讨、海洋意识与科学普及、海洋研学与主题展览、海洋文化与海洋科技深度融合、海洋文化与海洋产业相互促进等各项工作的开展，聚集社会各界海洋文化建设各方向的协同效应，全方位促进海洋文化事业的发展与合作共赢，逐步打造国内海洋文化共同体，为建设海洋强国做出贡献。

作为联盟发起单位之一，哈尔滨工程大学校长、联盟会长姚郁说："哈尔滨工程大学将全力投入和支持联盟工作，在自然资源部的关心和支持下，相信联盟一定能发挥出凝聚资源、强引领、广辐射的作用，提升海洋文化软实力水平，助力海洋强国建设的发展，同时促进海洋文化教育的改革、创新与发展。"（完）

【编辑：左盛丹】

国内首家海洋文化教育联盟成立
2018-09-18 16:46

央广网 38万 128亿

央广网哈尔滨9月18日消息（记者 迟嵩）18日，国内首家以海洋文化教育为主旨的集海洋文化教育、文化传播与实践研究为一体的学术联盟——海洋文化教育联盟在哈尔滨成立。

联盟在国家海洋局宣教中心、中国海洋报社指导下成立，旨在为海洋文化教育发展搭建交流平台和联系的纽带，推动成员单位深度合作和资源共享，力求创新海洋文化教育新模式，提升海洋文化教育育人，促进海洋文化育人社会功效，努力成为助推建设海洋强国软实力的重要力量。

首批联盟成员单位有大连海洋大学、福州大学、广东海洋大学、海南热带海洋学院、集美大学、南京大学、上海海洋大学、上海交通大学、浙江大学、浙江海洋大学、中国海洋大学、中国科学院深海科学与工程研究所、泉州海洋环境监测预报中心（福建崇武海洋科普馆）、福建惠德园海洋科普教育基地、中国(海南)南海博物馆、中国航海博物馆等单位代表50余人参加了联盟成立大会。

联盟将为海洋强国建设凝聚文化共识，合力推动海洋文化的高水平发展；通过海洋文化学术研讨、海洋意识与科学普及、海洋研学与主题展览、海洋文化与海洋科技深度融合、海洋文化与海洋产业相互促进等各项工作的开展，聚集社会各界海洋文化建设各方向的协同效应，全方位促进海洋文化事业的发展与合作共赢，逐步打造国内海洋文化共同体，为建设海洋强国做出贡献。

作为联盟发起单位之一，哈尔滨工程大学校长、联盟会长姚郁说："哈尔滨工程大学将全力投入和支持联盟工作，在自然资源部的关心和支持下，相信联盟一定能发挥出凝聚资源、强引领、广辐射的作用，提升海洋文化软实力水平，助力海洋强国建设的发展，同时促进海洋文化教育的改革、创新与发展。"

作者：迟嵩

CNR 要闻 财经 军事 体育 产经 文娱 图片 视频 教育 科技 旅游 健康 汽车 公益

新闻中心 > 央广网国内 > 地方新闻

国内首家海洋文化教育联盟成立
2018-09-18 11:34:00 来源：央广网

央广网哈尔滨9月18日消息（记者 迟嵩）18日，国内首家以海洋文化教育为主旨的集海洋文化教育、文化传播与实践研究为一体的学术联盟——海洋文化教育联盟在哈尔滨成立。

联盟在国家海洋局宣教中心、中国海洋报社指导下成立，旨在为海洋文化教育发展搭建交流平台和联系的纽带，推动成员单位深度合作和资源共享，力求创新海洋文化教育新模式，提升海洋文化教育意识，促进海洋文化育人社会功效，努力成为助推建设海洋强国软实力的重要力量。

首批联盟成员单位有大连海洋大学、福州大学、广东海洋大学、海南热带海洋学院、集美大学、南京大学、上海海洋大学、上海交通大学、浙江大学、浙江海洋大学、中国海洋大学、中国科学院深海科学与工程研究所、泉州海洋环境监测预报中心（福建崇武海洋科普馆）、福建惠德园海洋科普教育基地、中国(海南)南海博物馆、中国航海博物馆等单位代表50余人参加了联盟成立大会。

联盟将为海洋强国建设凝聚文化共识，合力推动海洋文化的高水平发展；通过海洋文化学术研讨、海洋意识与科学普及、海洋研学与主题展览、海洋文化与海洋科技深度融合、海洋文化与海洋产业相互促进等各项工作的开展，聚集社会各界海洋文化建设各方向的协同效应，全方位促进海洋文化事业的发展与合作共赢，逐步打造国内海洋文化共同体，为建设海洋强国做出贡献。

作为联盟发起单位之一，哈尔滨工程大学校长、联盟会长姚郁说："哈尔滨工程大学将全力投入和支持联盟工作，在自然资源部的关心和支持下，相信联盟一定能发挥出凝聚资源、强引领、广辐射的作用，提升海洋文化软实力水平，助力海洋强国建设的发展，同时促进海洋文化教育的改革、创新与发展。"

编辑：郑晧月

附录三 浪花朵朵——海洋文化馆专题报道

热血熔金 筑梦深蓝
——走进哈尔滨工程大学海洋文化馆

李 宏

2017年11月22日，我国高校首座海洋文化馆正式开馆。2018年6月8日，学校首届海洋文化宣传周启动。用海洋人的文化自信传播海洋文化，用海洋文化视野普及海洋科学知识、开展海洋意识教育，用海洋科学思维推动海洋事业创新发展。以海洋文化馆建成为标志，学校不断创新海洋意识教育机制，不断提升"三海一核"特色文化辐射作用，为更好服务地方经济建设贡献力量。

一份情怀，源于蓝色大海的梦想

古朴典雅的军工大院，海洋文化的因子早已洒满了学校的各个角落，"启航活动中心""起锚广场""济海湾"等校园文化景观，"郑和""郑成功"等历史人物景观，"承载""鼎力"等船舶机载装置，这些人文景观都在默默诉说着学校与海洋文化的渊源。从哈军工到哈船院再到哈工程，海洋人的印迹也早就深深地镌刻于每名工程学子的心中，"水下机器人技术""水声技术"国家级重点实验室，"智能水下机器人""深潜救生艇""水声调整目标跟踪定位和引导系统""深海高精度水声综合定位技术"等海洋领域的高技术成果，正是几代师生在海洋的探索中铸就了学校在海洋领域的特色领地，也在实干兴邦的使命自觉中践行着国家的海洋强国梦。

如今，学校以鲜明的"三海一核"特色优势，成功跻身国家"双一流"高校建设行列，建设有船舶与海洋装备、海洋信息、船舶动力、先进核能与安全等四个优势特色学科群，重点建设"船舶与海洋工程"世界一流学科。在船舶工业领域，哈工程承担新船型设计、数字化造船等一批前沿科研任务，是我国船舶工业技术进步的重要推动力量；在海军装备领域，承担了一批国防重大装备研制任

219

务，是我国海军装备研制不可或缺的依托力量；在海洋工程领域，承担深海空间站、动力定位系统研制等重大科技专项任务，是我国相关领域的重要技术支撑力量；在核能应用领域，参与国家核电重大专项、国家核能开发专项等研究工作，是我国核能应用领域主要依托力量之一。哈工程逐步成为我国舰船科学技术和应用基础研究的主力军之一、海军先进技术装备研究的重要单位、发展海洋高技术的重要力量、核动力安全及相关技术研究的重要基地。

文化是历史的传承，厚重的人文精神需要场馆作载体。为了讲好哈工程人与海洋的故事，进一步提高广大师生对海洋的了解和热爱，激发师生自豪感、使命感和责任感，在校党委的高度重视下，学校大力推进"三海一核"特色办学体系化建设，作为特色文化体系的重要内容，海洋文化馆在国家海洋局的大力支持下，应运而生。

一份执着，追逐风雨兼程的远方

海洋文化馆的筹建体现了"哈工程速度"。建设小组制订了切实可行的工作计划，按照制定总体方案、设计招标、基建改造、文本大纲、实物征集、布展施工等各项环节，明确完成时间节点和验收标准，排定工作推进的时间表。"海洋文化馆建设工作推进计划"是展馆按期完成的计划遵循，有力地指导了建设工作的有序进行。

通过目标定位的确立，可以确定海洋文化馆的"广度、深度与精度"，然后就是内容的梳理、资料的收集。海洋文化馆所展示的图文内容、所承载的精神内涵和所体现海洋价值观，是筹建的重中之重。经过三次集体讨论制订的"海洋文化馆总体策划方案"最终确定了海洋文化馆的建设原则与目标：按照认识海洋、关心海洋、经略海洋的逻辑顺序进行构搭展览内容，确定自然、人类、世界、中国的叙事主体，遵循以点带面、小中见大、信息最新、数据翔实、中外结合、动静相宜、人文厚重的展示原则。让受众在展览中了解到海洋世界的科普知识、树立人与海洋和谐相处的海洋科学观；了解到世界海洋强国的兴衰更替、树立国家与海洋权益相互依存的海洋世界观；了解中国与海洋的历史文化及海洋强国战略的具体举措，树立中国特色的海洋战略观；了解到我校为海洋强国战略所做出的具体贡献，树立服务于学校"三海一核"办学特色体系的海洋价值观。

海洋馆在建设过程中，得到了众多海洋业内专家的鼎力相助。海洋文化馆馆藏的珍贵实物都是专家们联系或捐赠的，正是老一辈海洋人的宽阔胸怀，赋予马里亚纳海沟万米深的海水、"蛟龙"号采集的大洋样品、南极石和永兴岛沙石等实物更丰富的人文情怀。海洋文化专家李明春老师这样说，"我被建设者的工作热情和执着感染了。"

回忆已成过往，筹建中，建设者们在夜深人静的夜晚，才踏上漫漫回家路时，回眸中，那栋黄色的小楼在他们的精心雕琢下，一点点汇聚起生命的特质，静待花开的希冀已充盈于心间。

一丝火花，海洋文化与科技的碰撞

海洋文化馆无疑是海洋文化的载体，然而如何在海洋文化馆有限的时空内，展示出海洋的自然与变迁、历史与人文、权益与科技等相关宏大的主题和厚重的内容，这是摆在建设者面前的实际问题。建设小组集思广益，借助丰富的形式设计和最新实景布展科技，通过图文、场景、实物和多媒体等手段，较完整地承载了浩瀚的自然海洋、深厚的人文海洋、更迭的海洋秩序、发展的海洋科技等众多内容，向学校广大师生和海洋专家们交出了合格的答卷。

亮点一："远航"与"守望"场景还原

馆内还原了"郑和"号宝船和永暑礁灯塔。"郑和"宝船在世界海洋中扬帆远航，标志着中国在海洋的探索历程里曾走在了西方国家的前列。永暑礁是我国实际控制的最大南沙岛屿，灯塔上的灯笼照射的是对面展墙的祖国万里海疆图，寓意对祖国的忠诚"守望"。

亮点二：VR体验

让你置身于海底的自然世界中，通过全景视频，让观众与海底生物近距离互动。

登上"辽宁舰"。体验者可以在航母甲板上游览，指挥地勤人员让舰载机起飞，乘坐直升机俯瞰"辽宁舰"，发射导弹击毁来袭飞机群。了解甲板上鞭状天线、舰载机牵引车、拦截索、助降镜、1130近卫炮、防空导弹等设施作用。

"钓鱼岛"巡航。体验者可以通过快艇、直升机两种方式登陆我国钓鱼岛，登顶最高峰高华峰，插上代表祖国的五星红旗，宣示主权。

亮点三：珍贵实物

海洋文化馆展示的实物有50余件，其中有四大名螺标本、黄岩岛国土石、钓鱼岛的海水、永兴岛的沙土、锰结核样品、"蛟龙"号在大洋热液区采集到的硫化物烟囱体样品、太平洋马里亚纳海沟的海水、南极石等非常有价值的实物、校友唐嘉陵捐赠的潜航服、深海采集的泥样和水样等。

亮点四：地面涂料

地面采用的是材化学院魏浩教授课题组研制的舰船舱室用无缝防水弹性地坪

材料，整体封闭且无任何接缝，具有良好的韧性和极高的耐磨、抗油污及防滑性能，广泛应用于舰船舱室等部位。

一句期望，传递来日可期的憧憬。

世界人民与海洋共存的历史、中国人民与海洋共生的历史告诉我们，要唤醒全民族的海洋意识，形成全民族齐心协力关注海洋、开发海洋、保护海洋的局面，必须选择一条和平发展、合作共赢的海洋强国之路。

建设海洋文化馆，体现了学校对弘扬海洋文化、践行使命担当的思考和认识，展馆被命名为"全国海洋意识教育基地"，得到了行业的认可。让广大师生和社会大众了解海洋、热爱海洋，进而投身海洋事业正是海洋文化馆建设的基本目标。面对海洋文化的博大精深、海洋科技的日新月异、海洋学科的推进发展，海洋文化馆如何服务学校的中心工作，承担起更多的社会服务功能，真正推进海洋科普教育的普及、海洋意识的提升、海洋社科平台的搭建、海洋文化研究的推进、海洋文化教学相长的落实等，是建设者下一步需要思考解决的课题。

文化自信是一个民族、一个国家以及一个政党对自身文化价值的充分肯定和积极践行，并对其文化的生命力持有的坚定信心。海洋文化馆作为学校海洋文化传播的一线阵地，承载了一代代工程人勇攀海洋科研高峰形成的精神财富，展现了工程学子们在海洋强国的历史浪潮中应承担的责任与担当。树立和谐的海洋自然观、确立正确的海洋权益观、强化海洋科技发展观，哈工程人海洋文化的自信根植于中华民族远洋探索的厚重历史中，体现于"21世纪海上丝绸之路"的世界格局中，更来源于哈工程人谋海济国的科研成就与使命担当中。在学校"三海一核"一流学科建设的征途中，在海洋文化馆建设者和管理者的众志成城下，海洋文化馆所承载的文化内涵，终将内化为广大师生的精神力量、思维方式和行为习惯。

热血熔金，筑梦深蓝！

原文载于《工学周报》2018年6月22日第三版

军工学府海洋梦
——哈尔滨工程大学海洋文化馆走笔

安海燕　吴韶刚

4月23日是中国海军建军节，这一天，在哈尔滨工程大学海洋文化馆内，一场海军知识竞赛正在紧张激烈地进行中。从1949年4月23日中国人民解放军的第一支海军部队成立，到2018年4月12日南海海上阅兵，题目覆盖面之广，让现场的参赛选手既紧张又兴奋。

参赛者是来自哈尔滨工程大学海洋文化馆的讲解员和志愿者。作为黑龙江省首个海洋文化馆，自2017年11月22日建成至今，该馆就成了远近闻名的全国海洋意识教育基地，吸引着广大学子和南来北往的参观者。

校园里"看大海"

"人类可期的未来在海洋……"走进海洋文化馆，在蓝色调的宁静与神秘中，"自然海洋""人类与海洋""海洋权益""建设海洋强国"4个展区的431张科普图示和图片尽收眼底。文化馆还陈列了包括"四大名螺"标本、钓鱼岛海域的海水、海上丝绸之路的出土文物、深潜员唐嘉陵捐赠的深潜服等50余件实物。不到400平方米的展馆，上下迂回，一步一景，一段蓝色之旅在此起航……

4月23日当天，知识竞赛结束后，海洋文化馆接待了来自嵩山中学的40名学生。他们在VR多媒体体验区，"漫游"辽宁舰，"登上"钓鱼岛，观看海底地貌……

如果参观者觉得看不过瘾，还可以参加科普讲座"阳光论坛""人文论坛"以及"海洋大讲堂"。中国极地研究中心的相关人员，中国海洋大学、哈尔滨工程大学涉海专业的教师，会定期开设海洋文化相关讲座。

"开馆短短几个月，我们就接待了5 000余参观者。"海洋文化馆馆长李宏说："社会服务是高校的基本职能，海洋文化馆面向社会开放，旨在营造关心海洋、认识海洋、经略海洋的浓厚氛围，提升社会公众海洋意识。从这个意义来说，海洋文化馆数量太少了，特别是内陆城市。"

扬特色育英才

在哈尔滨工程大学校园里，海洋文化的因子随处可见。"启航活动中心""起锚广场""济海湾"等特色场所，郑和、郑成功雕像等人文景观，"承载""鼎力"等船舶机载装置以及船舶博物馆，无不展现这个学校与海洋文化的渊源。

"三海一核"是哈尔滨工程大学的特色学科。船舶与海洋装备、海洋信息、船舶动力、先进核能与安全……从哈军工（中国人民解放军军事工程学院），到哈工程（哈尔滨工程大学），众多海洋人才从这里走向海洋强国建设。"水下机器人技术""水声技术"国家级重点实验室，第一艘水翼艇，第一艘援潜救生艇，第一套船用综合导航系统，第一套气垫船驾控模拟系统，第一套水声定位系统，第一套DP3船舶动力定位控制系统，第一套自治式潜器搭载对接系统等十几项具有开创意义的"共和国第一"，成为该校海洋文化的深厚底蕴与结晶。

"建设海洋文化馆，哈尔滨工程大学是有基础的。"校长助理严汝建介绍说："让学生跳出各自的海洋专业，放眼看一看'大海洋'，也是我们建馆的应有之意。"

"希望学生们将来不仅是某一海洋专业的高端人才，也是海洋文化的传播者。我们希望海洋文化馆成为海洋意识的播种机。聚是一团火，散是满天星。"李宏说。

传知识播火种

"科普对于我们来说，简直是另一门专业课。"秦艺超是哈尔滨工程大学船舶工程学院大三学生，也是海洋文化馆蔚蓝军工志愿者服务团队的负责人，"弥补知识空白点，训练顺畅的表达，组织有效的活动，海洋文化馆对我们来说，是展示自己的大舞台。"

"我们现在有30位讲解员，245位志愿者，全部由学生组成。"李宏说："解说词也是学生们共同创作起草，再由老师和专家们审定完成的。"

讲得太浅，听者不"解渴"。讲得过深，又怕人听不懂。怎样才能既有丰富的知识点，又能深入浅出、有声有色，学生们下了一番功夫。

"斯科特是一位年轻的英国军官，1911年1月，他和同伴乘坐新地号登上罗斯岛，他们认为到了这里，征服南极只是时间问题，却没想到，已经有人走到了他们前面。这人就是阿蒙森。"首登南极点的勇士，创造了人类的壮举。这段解说词的主题定义为人类探索未知的勇敢精神。

"海洋知识是知识的海洋，海洋文化馆需要不断更新内容、创新形式、扩大影响。但我们一个展馆、一个学校，力量是有限的。如何与其他涉海高校互通互联，与其他海洋意识教育基地协调联动，是我们下一步的工作重点。"李宏说："海洋文化8+X联盟计划，是我们策划的一项新举措。"

据悉，该计划可行性方案已经通过。"8"即中国海洋大学、上海交通大学、浙江大学等8所涉海高校。"X"即海洋类文博馆和科研单位。"联盟"即打造海洋文化建设共同体，为促进海洋知识进课本、进课堂、进校园和进内陆等，提供智力支持和平台支撑。

原文载于《中国海洋报》2018年5月28日第四版

让 "海风" 吹进内陆学子心中
——哈尔滨工程大学海洋文化馆开展海洋意识教育纪略

周 超

蓝色引航让海洋文化深入人心

在哈尔滨工程大学校园内，有一排不起眼的平房。这排平房修建于20世纪50年代，古朴典雅的建筑风格展现了历史的积淀与沧桑。如今，这里是校博物馆、海洋文化馆所在地。

走进海洋文化馆，好像踏入一个神奇而深邃的海洋世界。一具具栩栩如生的海洋鱼类模型按照从低到高、由小变大的顺序悬吊在空中，在蓝色屋顶的映衬下，给人一种遨游大海的感觉。

在文化馆墙上，一面面展板图文并茂地讲述着海洋世界的神奇。陈列在展柜里的展品种类丰富，不仅有"郑和"号宝船和永暑礁灯塔的还原模型，还有四大名螺标本、黄岩岛国土石、钓鱼岛的海水、永兴岛的沙土、蛟龙号采集的硫化物烟囱体样品、太平洋马里亚纳海沟的海水等。

此外，参观者还可以通过VR技术，体验登上辽宁舰、参加钓鱼岛巡航等模拟活动。

据学校海洋文化馆馆长李宏介绍，文化馆按照认识海洋、关心海洋、经略海洋的主题，分别设置了自然海洋、人类与海洋、海洋权益、建设海洋强国四大版块，讲述了美丽海洋的起源、人与海洋的故事、海洋新秩序的建立、蓝色科技与经济的发展等内容。无论展品还是布展设计，都体现了鲜明的海洋文化特色。

"一课一赛一馆一体验"开展特色海洋研学

近年来，研学活动引起广大教育机构和公众的关注。海洋文化馆自开馆以来，在中小学研学活动上巧做文章，让学生们在活动过程中体会、体验和探究研学主题，激发他们的好奇心，培养他们的科学思维以及逻辑思维能力。

采访当天，记者遇到了200多名到馆参观的哈尔滨南岗中学学生。他们人手一本研学手册，手册上列有许多与海洋有关的问题。

"学生带着问题来参观，可以针对馆内的实物和展板内容进行研究性学习。学生们一边参观，一边思考，在探索中寻找问题的答案。"李宏说。

到海洋文化馆研学的中小学生还可以选择相关课程，在大学生讲解员的带领下，了解海洋知识，领略海洋魅力。

"大学生既是受教者，也是施教者，理应成为宣传海洋意识教育的主力军。"李宏说，海洋文化馆每年都会定期招募和培训本校大学生志愿者担任讲解员，通过"双向"培养，让更多的高校学子加入宣传海洋意识教育的队伍中来。

该馆开展的研学活动可以归纳为"一课一赛一馆一体验"，即博物馆微课堂、海洋知识小竞赛、海洋文化馆、虚拟现实体验。

记者看到，在博物馆微课堂，大学生讲解员正在向学生们讲解蛟龙号、核潜艇等海洋装备知识。海底悬停技术、水声通信技术、核潜艇内部构造……许多专业知识被大学生讲解员阐述得通俗易懂。学生们一边认真听讲，一边记笔记。

"世界上最早的洲际航海家叫什么名字，中国第一个南极科学考察站名字是什么？"……在海洋知识小竞赛环节，学生们踊跃回答考官提出的问题。现场交流互动积极踊跃，激发了学生们的学习兴趣。

在虚拟现实体验区，VR体验让学生们仿佛置身于深海之中，体验海底世界的神奇与美妙。这种独特的感受，令他们对海洋心生向往。

海洋文化馆门口放有留言册。参观者可以在上面写下心得体会。一名来自江西赣州的学生写道："这是我第一次到海洋文化馆参观，不仅增长了知识、开阔了视野，更重要的是对海洋有了新的认识。这真是一次有意义的学习体验。"

这所面积不大的海洋文化馆，通过利用馆内资源设置丰富的研学活动，让学生充分了解与认识海洋，达到宣传海洋意识、普及海洋知识的良好效果。

多方联合共推海洋意识教育

李宏表示，打造"一课一赛一馆一体验"海洋研学活动，其目的是尽量让更多的内陆学生接触海洋、了解海洋，体现了海洋文化馆开展海洋意识教育的"广度"。

此外，海洋文化馆还在海洋意识教育的"高度""深度"以及"延展度"等方面下功夫，通过搭建平台、开展活动，为内陆地区海洋意识教育做出贡献。

2018年9月18日，由哈尔滨工程大学牵头，联合涉海高校、海洋科研院所、海洋类文博馆、科普馆、海洋意识教育基地共同发起的海洋文化教育联盟在哈尔滨成立。

这是国内首家以海洋文化教育为主旨的集海洋文化教育、文化传播与实践研究于一体的学术联盟，旨在为海洋文化教育发展搭建交流平台和联系的纽带，推动成员单位深度合作和资源共享，力求创新海洋文化教育新模式，提升海洋文化教育意识，促进海洋文化育人社会功效，努力成为助推建设海洋强国软实力的重要力量。

海洋文化馆还通过举办系列海洋意识教育活动，加深学生对海洋的认识与理解，在学生心中种下投身海洋强国建设的"种子"。

每年世界海洋日暨全国海洋宣传日期间，海洋文化馆都会结合海洋日主题，与黑龙江省社会科学界联合会合作开展系列科普活动。每年9月新生入学之际，海洋文化馆还会举行海洋文化宣传周活动，通过公益视频播放、创意画大赛、深海大洋与极地科考展览、主题参观等活动，让新生加深对海洋的认识。

目前，海洋文化馆还面向本校全体学生，开设了两门通识教育选修课——"海洋中国"和"极地探索"。"我们会定期邀请专家学者讲授有关海洋自然观、人类海洋文明、海洋强国战略、哈军工海洋情怀等方面的内容，树立学生们的海洋观，提高海洋素养，激发他们的学习热情。"李宏说。

原文载于《中国海洋报》2019年6月3日第四版

后 记

  哈尔滨工程大学是国内知名的船海名校，海洋文化的基因早已根植于每一名工程学子心中。为构建船海特色文化场所，在学校党委的领导下，2017年5月27日，海洋文化馆筹建小组在校长助理严汝建同志的牵头下正式成立，汇聚学校党政办、党委宣传部、哈军工纪念馆等相关筹建力量，历经6个月建成。11月22日，国内高校第一个以"海洋文化"命名的博物馆正式开馆。展馆内容按照"认识海洋、关心海洋、经略海洋"的逻辑顺序进行搭建，整个展馆体现了鲜明的海洋文化特色。

  在海洋馆的建设中，得到了原国家海洋局新闻宣传中心和海洋报社、国家海洋博物馆、中国海权教育馆、福建崇武海洋科普馆等单位的有力帮助，更得到了学校基建处、国资处等机关部处的大力支持，由此，我们深表谢意。

  《海洋文化馆——浓缩的海洋意识教科书》是以海洋文化馆的展陈图文为主线，透过专家视点、建设者手记等视角，用"读馆"的方式，让读者感悟自然海洋之奇妙、人文海洋之厚重、海洋强国之更替、海洋科技之进步、海洋经济之发展，在图文阅读中，增强其海洋意识，深切感知党和国家对建设海洋强国的决心和部署。本书在编写过程中得到了李明春、曲金良等海洋文化专家学者的支持与帮助，我们也力求精益求精、力求客观性与思想性并重，然由于能力与水平有限，难免存在不足，特别是在专家视点的选取上存有遗漏。敬请各位读者及相关人士的批评指正。

  2021年，正值建党100周年，在党的百年历程中，中国实现海洋强国的梦想从未有如今天这么接近，中华民族维护国家海洋权益的决心从未有如今天这么坚定，中国人迈向海洋的脚步从未有如今天这么坚实……

  向海图强！谨以此书为建党100周年献礼！

《海洋文化馆—浓缩的海洋意识教科书》编委会

2021年1月

参 考 文 献

[1] 国家海洋局海洋发展战略研究所课题组. 中国海洋发展报告（2009）[M]. 北京：海洋出版社，2009.

[2] 国家海洋局海洋发展战略研究所课题组. 中国海洋发展报告（2010）[M]. 北京：海洋出版社，2010.

[3] 国家海洋局海洋发展战略研究所课题组. 中国海洋发展报告（2011）[M]. 北京：海洋出版社，2011.

[4] 国家海洋局海洋发展战略研究所课题组. 中国海洋发展报告（2012）[M]. 北京：海洋出版社，2012.

[5] 国家海洋局海洋发展战略研究所课题组. 中国海洋发展报告（2013）[M]. 北京：海洋出版社，2013.

[6] 国家海洋局海洋发展战略研究所课题组. 中国海洋发展报告（2014）[M]. 北京：海洋出版社，2014.

[7] 国家海洋局海洋发展战略研究所课题组. 中国海洋发展报告（2015）[M]. 北京：海洋出版社，2015.

[8] 国家海洋局海洋发展战略研究所课题组. 中国海洋发展报告（2016）[M]. 北京：海洋出版社，2016.

[9] 国家海洋局海洋发展战略研究所课题组. 中国海洋发展报告（2017）[M]. 北京：海洋出版社，2017.

[10] 《走向海洋》节目组. 走向海洋[M]. 北京：海洋出版社，2012.

[11] 崔京生. 海洋志[M]. 北京：中国青年出版社，2012.

[12] 杨金森. 海洋强国兴衰史略[M]. 北京：海洋出版社，2014.

[13] 中国海洋年鉴编纂委员会. 中国海洋年鉴[M]. 北京：海洋出版社，2014.

[14] 高振生. 中国蓝色国土备忘录[M]. 北京：中州古籍出版社，2010.

[15] KEITH A，SVERDRUP，E，VIRGINIA A. 世界海洋概览[M]. 青岛：青岛出版社，2014.

[16] 中央电视台《大国崛起》节目组. 日本[M]. 北京：中国民主法制出版社，2006.

[17] 中央电视台《大国崛起》节目组. 葡萄牙·西班牙[M]. 北京：中国民主法制出版社，2006.

[18] 中央电视台《大国崛起》节目组. 荷兰[M]. 北京：中国民主法制出版社，2006.

[19] 中央电视台《大国崛起》节目组. 英国[M]. 北京：中国民主法制出版社，2006.

[20] 中央电视台《大国崛起》节目组. 美国[M]. 北京：中国民主法制出版社，2006.

[21] 徐祥民. 中国海洋发展战略研究[M]. 北京：经济科学出版社，2015.